总主编／肖勇　傅祎

室内设计基础

（第3版）

主　编　张　能　王凌绪

副主编　王雪飞　孙　峰　徐舒婕

参　编　高　明　许新伟

北京理工大学出版社
BEIJING INSTITUTE OF TECHNOLOGY PRESS

内 容 提 要

本书共 8 章，分别介绍了绪论、室内设计的形式美法则、室内设计的图解表达、室内光线设计、室内色彩设计、室内建筑元素表现、室内家具与陈设、不同空间的室内设计等内容。本书遵循理论与实践相结合的原则对相关专业理论知识进行了系统的讲解，在编写过程中注重内容的科学性及可读性，并配以大量室内设计实例图片，力求图文并茂，内容系统、生动。

本书可作为高等院校室内设计、建筑装饰、环境艺术设计及相关专业的教材，也可供艺术设计从业者及爱好者学习、参考。

图书在版编目（CIP）数据

室内设计基础 / 张能，王凌绪主编 . —3 版 . —北京：北京理工大学出版社，2020.1
ISBN 978-7-5682-7966-6

Ⅰ.①室…　Ⅱ.①张…②王…　Ⅲ.①室内装饰设计－高等学校－教材　Ⅳ.①TU238.2

中国版本图书馆 CIP 数据核字（2019）第 253416 号

出版发行 / 北京理工大学出版社有限责任公司
社　　址 / 北京市海淀区中关村南大街 5 号
邮　　编 / 100081
电　　话 / （010）68914775（总编室）
　　　　　（010）82562903（教材售后服务热线）
　　　　　（010）68948351（其他图书服务热线）
网　　址 / http：//www.bitpress.com.cn
经　　销 / 全国各地新华书店
印　　刷 / 河北鸿祥信彩印刷有限公司
开　　本 / 889 毫米 ×1194 毫米　1/16
印　　张 / 7.5
字　　数 / 208 千字
版　　次 / 2020 年 1 月第 3 版　2020 年 1 月第 1 次印刷
定　　价 / 72.00 元

责任编辑 / 申玉琴
文案编辑 / 申玉琴
责任校对 / 周瑞红
责任印制 / 边心超

总序 GENERAL PREFACE ·· ◎

20 世纪 80 年代初，中国真正的现代艺术设计教育开始起步。20 世纪 90 年代末以来，中国现代产业迅速崛起，在现代产业大量需要设计人才的市场驱动下，我国各大院校实行了扩大招生的政策，艺术设计教育迅速膨胀。迄今为止，几乎所有的高校都开设了艺术设计类专业，艺术类专业已经成为最热门的专业之一，中国已经发展成为世界上最大的艺术设计教育大国。

我们应该清醒地认识到，艺术和设计是一个非常庞大的教育体系，包括设计教育的所有科目，如建筑设计、室内设计、服装设计、工业产品设计、平面设计、包装设计等，而我国的现代艺术设计教育尚处于初创阶段，教学范畴仍集中在服装设计、室内装潢、视觉传达等比较单一的设计领域，设计理念与信息产业的要求仍有较大的差距。

为了适应信息产业的时代要求，中国各大艺术设计教育院校在专业设置方面提出了"拓宽基础、淡化专业"的教学改革方案，在人才培养方面提出了培养"通才"的目标。正如姜今先生在其专著《设计艺术》中所指出的"工业 + 商业 + 科学 + 艺术 = 设计"，现代艺术设计教育越来越注重对当代设计师知识结构的建立，在教学过程中不仅要传授必要的专业知识，还要讲解哲学、社会科学、历史学、心理学、宗教学、数学、艺术学、美学等知识，以便培养出具备综合素质和能力的优秀设计师。另外，在现代艺术设计教学中，设计方法、基础工艺、专业设计及毕业设计等实践类课程也越来越注重教学课题的创新。

理论来源于实践、指导实践并接受实践的检验，我国现代艺术设计教育的研究正是沿着这样的路线，在设计理论与教学实践中不断摸索前进。在具体的教学理论方面，十几年前或几年前的教材已经无法满足现代艺术教育的需求，知识的快速更新为现代艺术教育理论的发展提供了新的平台，兼具知识性、创新性、前瞻性的教材不断涌现。

随着社会多元化产业的发展，社会对艺术设计类人才的需求逐年增加，现在全国已有 1400 多所高校设立了艺术设计类专业，而且各高等院校每年都在扩招艺术设计专业的学生，每年的毕业生超过 10 万人。

随着教学的不断成熟和完善，艺术设计专业科目的划分越来越细致，涉及的范围也越来越广泛。我们通过查阅大量国内外著名艺术设计类院校的相关教学资料，深入学习各相关艺术设计类院校的成功办学经验，同时邀请资深专家进行讨论认证，发觉有必要推出一套新的、较为完整的、系统的专业院校艺术设计教材，以适应当前艺术设计教学的需求。

我们策划出版的这套艺术设计类系列教材，是根据多数专业院校的教学内容安排设定的，所涉及的专业课程主要有艺术设计专业基础课程、平面广告设计专业课程、环境艺术设计专业课程、动画专业课程等，同时还以不同专业为系列进行了细致的划分，内容全面、难度适中，能满足各专业教学的需求。

本套教材在编写过程中充分考虑了艺术设计类专业的教学特点，把教学与实践紧密结合起来，参照当今市场对人才的新要求，注重应用技术的传授，强调对学生实际应用能力的培养。每本教材都配有相应的电子教学课件或素材资料，以方便教学。

　　在内容的选取与组织上，本套教材以规范性、知识性、专业性、创新性、前瞻性为目标，以项目训练、课题设计、实例分析、课后思考与练习等多种方式，引导学生考察设计施工现场，学习优秀设计作品实例，力求使教材内容结构合理、知识丰富、特色鲜明。

　　本套教材在艺术设计类专业教材的知识层面上也有了重大创新，做到了紧跟时代步伐，在新的教育环境下，引入了全新的知识内容和教育理念，使教材具有较强的针对性、实用性及时代感，是当代中国艺术设计教育的新成果。

　　本套教材自出版后，受到了广大院校师生的赞誉和好评。经过广泛评估及调研，我们特意遴选了一批销量好、内容经典、市场反响好的教材进行了信息化改造升级，除了对内文进行全面修订外，还配套了精心制作的微课、视频，提供了相关阅读拓展资料。同时将策划选题中具有信息化特色、配套资源丰富的优质选题也纳入了本套教材中出版，以适应当前信息化教学的需要。

　　本套教材是对信息化教材的一种探索和尝试。为了给相关专业的院校师生提供更多增值服务，我们还特意开通了"建艺通"微信公众号，负责对教材配套资源进行统一管理，并为读者提供行业资讯及配套资源下载服务。如果您在使用过程中，有任何建议或疑问，可通过"建艺通"微信公众号向我们反馈。

　　中国艺术设计类专业的发展随着市场经济的深入将会逐步改变，也会随着教育体制的健全而不断完善，这个过程中出现的一系列问题还有待我们进一步思考和探索。我们相信，中国艺术设计教育的未来必将呈现百花齐放、欣欣向荣的景象！

肖　勇　傅　祎

"建艺通"微信公众号

前言 PREFACE ······················○

　　室内设计是一门应用性很强的学科，学生通过该课程的学习，不仅能掌握室内设计专业的理论知识，还能提高解决实际问题的能力，逐步具备专业设计师应有的职业素质。

　　本书遵循理论与实践相结合的原则对相关专业理论知识进行系统的讲解，在编写过程中注重内容的科学性及可读性，并配以大量室内设计实例图片，力求图文并茂，内容系统、生动。全书主要内容有绪论、室内设计的形式美法则、室内设计的图解表达、室内光线设计、室内色彩设计、室内建筑元素表现、室内家具与陈设和不同空间的室内设计等。本书可供室内设计、建筑装饰、环境艺术设计等专业学生使用。

　　本书所涉及的设计原则、设计风格流派划分等内容，是在现有室内设计实例与原理的基础上进行的总结与提炼。设计本身是一种理性与感性相结合的工作，一个好的室内设计方案并不一定完全符合我们所探讨出的设计原则。真正打动人心的设计需要考虑业主的需求、时代背景的影响以及现实条件的约束，是感性与理性相互碰撞的产物。

　　本书在第 2 版的基础上，主要进行了如下几方面的改进和完善：一是配备了二维码资源，扫码即可观看相关的配套资料，有助于读者更全面地了解学科相关知识及资讯；二是更新了书稿中的部分陈旧内容，使教学更贴近当今实际需求；三是更换了部分案例和作品，以便读者更方便地了解各类优秀作品和学习各种新设计知识。

　　由于书中内容进行过多次改动，一些参考内容已无法完整确切指明出处，在此向所有相关资料的作者表示歉意和衷心的感谢。由于时间仓促和编者能力有限，书中难免存在不足与疏漏之处，希望各位同人批评指正。

编　者

目录 CONTENTS

第一章 绪 论

学习目标

　　了解室内设计的概念、依据和要求，熟悉室内设计的程序和国内外室内设计发展概况，能够顺应室内设计的发展趋势进行设计。

　　建筑的室内空间是我们绝大多数行为活动发生的场所，如学习、工作、休息、娱乐、生活等。可见室内环境的舒适程度与人的生产、生活息息相关。因此，室内环境的设计创造，应该以人为本，把安全和舒适作为室内设计的首要前提。除此之外，人们对于室内环境还有使用安排、冷暖光照等物质功能方面的要求，以及与建筑物的类型、性格相适应的室内环境氛围、风格文脉等精神功能方面的要求。

　　室内空间作为建筑中与人关系最直接的部分，正是"凝固的音乐，无字的史书"。因此现代室内设计，或称室内环境设计，相对来说是环境设计中最为重要的环节。从宏观来看，室内设计往往能从一个侧面反映相应时期社会物质和精神生活的特征，是与当时的施工工艺、装饰材料和内部设施等物质生产水平联系在一起的。随着社会的发展，历代的室内设计总是具有其时代的印记，反映了当时的哲学思想、美学观点、社会经济、民俗民风等文化特征（图1-1至图1-4）。

　　室内设计是在满足人们物质生活需要的基础上，运用物质技术手段和建筑美学原理，依据人们对建筑物的使用要求和建筑物所处的环境，对建筑物内部空间进行更深层次的二次创造。室内设计就是创造一种环境，使之既具有使用价值，满足相应的功能要求，同时又能反映历史文化、建筑风格、环境气氛等精神因素，达到物质和精神的满足。

　　在室内设计过程中，除了运用物质技术手段，如各类装饰材料和设施设备外，还需要遵循建筑美学原理。这是因为室内设计的艺术性，除了有绘画、雕塑等艺术之间共同的美学原则（如对称、均衡、比例、节奏等）外，还需要综合考虑其使用功能、结构施工、材料设备、造价标准等多种因素。建筑美学总是和实用、技

图1-1　中国传统的室内空间

术、经济等因素联系在一起，有别于绘画、雕塑等一些纯艺术。现代室内设计既有很高的艺术性要求，又有很高的技术含量，并且与一些新兴学科，如人体工程学、环境心理学、环境物理学等关系极为密切。现代室内设计已经在环境设计领域中发展成为一门独立的新兴学科。

室内设计是建筑设计的继续和深化，是建筑设计的出发点和着眼点，是建筑空间和环境的再创造。空间效果是建筑设计追求的目标，许多专家学者从不同的角度、不同的侧重点来分析室内设计与建筑设计的关系，提出了很多深刻的见解，值得我们认真思考和借鉴。

图 1-2 当代的室内空间

图 1-3 欧洲传统的室内空间

图 1-4 古代遗迹中的室内空间

第一节 室内设计的概念及程序

一、室内设计的概念

在室内设计这个概念出现以前，室内装饰的行为就已经存在数千年了。从远古时代人类居住的建筑中，我们已经发现了人们对室内环境进行"设计"的迹象。例如，古埃及神庙中的壁画和石雕，已具备了室内设计的雏形，但不能认为是严格意义上的室内设计。

由于室内设计本身的专业特点，人们对"室内设计"概念的理解存在偏差，常常将室内设计与室内装饰或装潢、室内装修混为一谈，缺乏一个准确的认识。实际上，它们的内在含义是有区别的。究其原因，主要在于人们对室内设计的工作目标、工作范围没有一个准确的认识。我们知道，室内设计是从建筑设计领域中分离出来的一门新兴学科，它的工作目标、工作范围与建筑学、人体工程学、艺术学和环境科学等相关学科有着千丝万缕的联系，这使其在理论和实践上带有交叉学科的某些特征。从严格意义上讲，装饰和装潢的原意是指对"器物或商品外表"的"修饰"，着重从外表的、视觉艺术的角度来探讨和研究问题，例如对室内地面、墙面、顶棚等各界面的处理；装饰材料的选用，也可能包括对家具、灯具、陈设和小品的选用、配置和设计。一个室内空间，只有装修施工到位，人居环境良好，装饰体现意蕴内涵，才可以发挥它的魅力。室内装修与装饰或装潢有着本质的区别。室内装修着重于工程技术、施工工艺和构造做法等方面，顾名思义主要是指土建工程施工完成之后，对于室内各个界面、门窗、隔断等最终的装修。室内设计则是根据建筑物的使用

性质、所处环境和相应标准，运用技术手段和建筑美学原理，营造功能合理、舒适优美、满足人们物质和精神生活需要的室内环境。这一空间环境既具有使用价值，满足相应的功能要求，同时也反映历史文脉、建筑风格、环境气氛等精神因素。

现代室内设计是综合的室内环境设计，它包括视觉环境和工程技术方面的问题，也包括声、光、热等物理环境以及氛围、意境等心理环境和文化内涵等内容（图1-5至图1-9）。上述含义中，明确地把"创造满足人们物质和精神生活需要的室内环境"作为室内设计的目的。

图 1-5 现代技术在室内设计中的应用（一）

室内设计以人为本，一切围绕"为人营造美好的室内环境"这一中心。1974年版的《大英百科全书》对室内设计做了如下解释："人类创造愉快环境的欲望虽然与文明本身一样古老，但是相对而言，仍是一个崭新的领域，室内设计这个名词意指一种更为广阔的活动范围，表示一种更为严肃的职业地位，它是建筑或环境设计的一个专门性分支，是一种富于创造性和能够解决实际问题的活动，是科学与艺术和生活结合而成的完美整体。"

图 1-6 现代技术在室内设计中的应用（二）

图 1-7 现代技术在室内设计中的应用（三）

室内设计入门技巧

图1-8 现代室内空间（一）　　　　　　　　图1-9 现代室内空间（二）

一个完整的建筑设计通常包含前期建筑的主体设计和后期的室内设计两个部分。室内设计作为建筑设计的一个分支和延伸，是建筑功能的进一步完善与深化，是建筑设计的最终成果。就"室内设计"而言，这个词汇包含两个含义，即"室内"与"设计"。这里，我们可以看出室内设计的性质和工作范围。张绮曼教授曾把室内设计的工作范围概括为室内空间形象设计、室内物理环境设计、室内装饰装修设计和家具陈设艺术设计四个方面。从这四个方面我们也可以看出室内设计与建筑设计存在的交叉。

综上所述，我们可以对室内设计的概念及其内涵做如下的概括：

（1）室内设计是在给定的建筑内部空间环境中展开的，是对人在建筑中的行为进行的计划与规范。

（2）良好的室内设计是物质与精神、科学与艺术、理性与情感完美结合的结果。

（3）室内设计的独立性，更多地体现在室内装饰与陈设品的设计方面。

（4）室内设计概念的内涵是动态的、发展的，我们不能用静止的、僵化的观点去理解，而应当随着实践的发展不断对其进行充实与调整。

二、室内设计的程序

根据设计的进程，室内设计通常可以分为四个阶段，即设计准备阶段、方案设计阶段、施工图设计阶段和设计实施阶段。

1. 设计准备阶段

设计准备阶段主要是接受委托任务，签订合同，或者根据标书要求参加投标；明确设计期限并制订设计计划及进度安排，考虑各有关工种的配合与协调；明确设计任务和要求，如室内设计任务的性质、功能特点、设计规模、等级标准、总造价，根据任务的性质营造室内环境氛围或艺术风格等；熟悉设计有关的规范和定额标准，收集、分析必要的资料和信息，包括对现场的调查、踏勘以及对同类型实例的参观等。在签订合同或编制投标文件时，还包括设计进度安排，设计费率标准，即室内设计收取业主设计费占室内装饰总投入资金的百分比。

2. 方案设计阶段

一个成功的作品，方案设计是第一位的，设计师无不为此倾注大量心血。方案设计阶段是在设计准备阶段的基础上，进一步收集、分析、运用与设计任务有关的资料与信息，构思立意，进行初步方案设计、深入设计以及方案的分析与比较。确定初步设计方案，提供设计文件。室内初步的方案设计文件通常包括：

（1）平面图，常用比例为 1 ∶ 50，1 ∶ 100。

（2）室内立面展开图，常用比例为 1 ∶ 20，1 ∶ 50。

（3）顶棚图或仰视图，常用比例为 1 ∶ 50，1 ∶ 100。

（4）室内透视图。

（5）室内装饰材料实样版面。

（6）设计意图说明和造价概算。

在此阶段，设计师在与甲方进一步的探讨和协商过程中，不断对方案进行修改、深化和确定。初步设计方案经审定后，方可进行施工图设计。

一般的建筑装饰和环境设计工程，方案设计经甲方认定后，可进入施工图设计阶段。比较复杂的大型工程，方案设计阶段后应增加初步设计阶段。

3. 施工图设计阶段

施工图设计文件应按照已批准的方案设计或初步设计进行编制，内容以图纸为主，应包括封面、图纸目录、设计与施工说明、图纸等。同时，施工图设计阶段需要补充施工所必需的有关平面布置、室内立面和顶棚设计等图纸，还需包括构造节点详图、细部大样图以及设备管线图，编制施工说明和造价预算。施工图一般以层或功能分区为编排单位，各专业图纸分别编排与装订。

4. 设计实施阶段

设计实施阶段也就是工程的施工阶段。到这个阶段虽然大部分设计工作已经完成，项目开始施工，但设计师仍需高度重视，注意解决现场问题。室内工程在施工前，设计人员应向施工单位进行设计意图说明及图纸的技术交底；工程施工期间需按图纸要求核对施工实况，有时还需根据现场实况提出对图纸的局部修改或补充；设计师还需配合业主进行装饰材料和灯具的选样工作，施工结束时，会同质检部门和建设单位进行工程验收。

为了使设计取得预期效果，室内设计人员必须抓好设计的各个阶段，充分重视设计、施工、材料、设备等各个方面，并熟悉、重视与原建筑物的建筑设计、设施（建筑、水、电、暖、空调等）设计的衔接，同时还需协调好与建设单位和施工单位之间的相互关系，在设计意图和构思方面取得共识，以期取得理想的设计效果。

室内设计实例欣赏

第二节　室内设计的依据和要求

一、室内设计的依据

室内设计作为建筑、环境设计中的一环，在某种程度上可以说要比设计建筑物困难得多。这是因为在室内设计中要求设计师必须更多地同人打交道，研究人们的心理。经验证明，这比同结构、建筑体系打交道要困难得多。因此，设计师必须事先对所在建筑物的功能特点、设计意图、结构构成、设施设备等情况充分掌握，进而对建筑物所在地区的室外环境等也有所了解。具体地说，室内设计主要有以下各项依据：

（1）使用对象以及室内空间的使用性质。首先，人是室内空间的使用者，因此，使用者的年龄、职业、文化修养和审美情趣必须作为设计中的重要内容考虑。同时，又要综合考虑社会群体的文化取向及社会流行时尚。其次是空间的使用性质。建筑的使用功能和人在室内空间所发生的行为活动决定了室内设计的方向和风格。不同的建筑类型功能不同，也就有着不同的空间设计要求。

（2）人体尺度以及人们在室内停留、活动、交往、通行时的空间范围。首先是人体的尺度和动作域所需的尺寸和空间范围、人们交往时符合心理要求的人际距离，以及人们在室内通行时，各处有形无形的通道宽度。人体的尺度，即人体在室内完成各种动作时的活动范围，是设计者确定室内诸如门扇的高宽度、踏步的高宽度、窗台与阳台的高度、家具的尺寸及其间距，以及楼梯平台、室内净高等最小高度的基本依据。不同性质的室内空间，不但要从人们的心理感受考虑，还要顾及人们心理需求的最佳空间范围。上述的依据因素可以归纳为静态尺度、动态活动范围和心理需求范围。

（3）使用和安置家具、灯具、设备、陈设等所需的空间范围。室内空间里，除了人的活动外，主要占空间的是家具、灯具和设备。对于灯具、空调设备、卫生洁具等，除了要注意它们本身的尺寸以及使用、安置时必需的空间范围之外，还要注意此类设备、设施在建筑物的土建设计与施工时，对管网布线等都已有一个整体布置。进行室内设计时应尽可能在它们的接口处予以连接、协调。当然，对于出风口、灯具位置等，从室内使用合理和造型等要求出发，适当在接口上做些调整也是允许的。

（4）室内空间的结构构成、构件尺寸，设施管线等的尺寸和制约条件。室内空间的结构体系、柱网的开间间距、楼面的板厚梁高、风管的断面尺寸以及水电管线的走向和铺设要求等，都是组织室内空间时必须考虑的。有些设施内容，如风管的断面尺寸、水管的走向等，在与有关工种的协调下可做调整，但仍然是设计必要的条件和制约因素。例如集中空调的风管通常在板底设置，计算机房的各种电缆管线常铺设在架空地板内，室内空间的竖向尺寸就必须考虑这些因素。

（5）符合设计环境要求、可供选用的装饰材料和可行的施工工艺。由设计设想变成现实，必须动用可供选用的地面、墙面、顶棚等各个界面的装饰材料，采用现实可行的施工工艺，这些依据条件必须在设计开始时就考虑到，以保证设计的实施。

（6）投资造价和建设标准。投资造价和建设标准，是一切现代设计工程的重要前提。室内设计与建筑设计的不同之处在于，同样的室内空间建设标准，室内装修造价会有相当大的差别。因此，对室内设计来说，投资限额与建设标准是室内设计必要的依据因素。同时，不同的工程施工期限，将影响室内设计中不同的装饰材料安装工艺以及界面设计处理手法。相应工程项目总的经济投入和单方造价标准对室内设计效果的影响是显而易见的。在工程设计时，建设单位提出的设计任务书，以及有关的规范和定额标准，也都是室内设计的依据文件。

此外，原有建筑物的建筑总体布局和建筑设计的总体构思也是室内设计时重要的设计依据。

二、室内设计的要求

室内设计的要求主要有以下各项：

（1）具有合理的室内空间组织和平面布局，提供符合使用要求的室内声、光、热，满足室内环境的物质功能需要。

（2）具有造型优美的空间构成和界面，宜人的光、色和材质配置，符合建筑物性格的环境气氛，满足室内环境的精神功能需要。

（3）采用合理的装修构造和技术，选择合适的装饰材料和设施设备，使其具有良好的经济效益。

（4）符合安全疏散、防火、卫生等设计规范，遵守与设计任务相适应的有关定额标准。

（5）随着时间的推移，具有适应调整室内功能、更新装饰材料和设备的可能性。

（6）联系到可持续发展的要求，室内环境设计应考虑节约能源、节约材料、防止污染，并注意充分利用和节省室内空间。

第三节 国内室内设计的发展

在中国传统建筑中，没有"室内设计"这个说法，室内设计工作被称为装修与陈设。中国传统建筑的装修是指台基以上、椽枋以下这个范围内的所有门、窗、隔断及彩画等。按位置又分外檐装修与内檐装修两大类。外檐装修指外部空间与内部空间的间隔物，即外墙上的门、窗、隔扇及梁枋彩画等；内檐装修指室内装修，包括将大空间按需要分成若干小空间的分隔物，也包括地面、墙面、顶棚的做法。内部装修是运用木、瓦，用粉刷、油饰、绘画、雕刻等手段完成的，装修完成的室内有家具、织物、摆设等陈设（图1-10）。内檐装修与陈设是室内环境的基本要素，空间组合、装修、陈设、美化及相关要素构成了今天所说的"室内设计"的主要内容。

榫卯结构欣赏

图 1-10 中国传统建筑室内设计

在中国传统建筑中，尽管没有室内设计这一说法，但室内设计作为人类的一项实践活动实际上早就存在了。因为室内设计活动与建筑活动是密不可分的。也就是说，从有建造住屋的建筑活动那天起，也就相应有了室内设计活动。

中国室内设计是伴随中华民族几千年的文明史而发展的，它是中华民族文化的一部分，并以统一的体系和独特的风格独立于世界文化之林。

任何事物都有一个发生、发展、成熟的过程，室内设计也不例外。

原始社会时期，生产力水平低下，人们或者穴居或者巢居，一直到了后期才有了矮小的草泥住屋，生活环境之差是可想而知的。当人类尚无起码的生存条件时，他们很难产生美的要求。反过来说，一旦人们有了一定的生存条件，就必然会有美的要求。早期人类的这种要求，体现于装饰之中，包括人体装饰、工具装饰、文身装饰、器物装饰、陈设装饰（如在洞穴住屋中陈设工具、猎物和战利品等）和建筑装饰。新石器时期，住在黄河中下游的人们在地面上用白灰做成的坚硬面层（一般称"白灰面"）就是既考虑功能需要，又出于审美要求的证明（图1-11）。

图 1-11 仰韶文化遗址

装饰的发展，源于人们对自然的认识和理解，正是太阳、月亮、植物、动物等形象，促成了人们对美与装饰形象的发现与创造。从出土的文物彩陶等器皿中可以看出，彩陶的表面有生动美丽的鱼纹、鸟纹、人面纹、圆点纹、勾叶纹及各种几何纹所组成的图案（图1-12）。这表明，原始先民在认识自然的过程中已经有了美的追求，在初始装饰方面也有了可喜的创造。

商周时期，已能建造规模庞大的宫殿。在已发现的文物中，有一种盘状的铜件，叫作铜锧，是垫在柱脚之下的东西，作用是找平、防潮和装饰。它的表面有云雷纹饰，可见当时的建筑已很华丽，室内装

图解殷商制作
青铜器的全过程

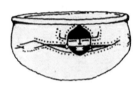

图 1-12 彩陶上的纹样

饰的陈设也已达到一定的水准。从甲骨文中的一些象形字里，我们也能够发现这个时期室内装饰的影子。考古发现表明，商周时期流行席地跪坐，因此，此时只有案、俎、禁（放置酒器用）等家具。由于信仰上的原因，商朝的青铜器明显显示出一种神秘性（图 1-13）。

春秋时期是我国建筑与装饰发展历程上的一个转折点。此时，百家争鸣，社会思想活跃，建筑与装饰已逐渐摆脱了商周时期的风格，从祭祖、祭鬼神的领域转向实用；从凝固、神秘转向活跃；从抽象转为具象，即更加直接地反映现实和人们的生活。春秋时期，人们在家内仍然席地跪坐，但席下有筵。据《考工记》记载，筵应该是宫室建筑供人席地跪坐所铺的东西，与日本的榻榻米相似。家具方面，除商周已有的以外，又有了用以凭靠的几、用作隔断的屏风和用来搭挂衣服的衣架等（图 1-14）。

图 1-13 商朝青铜器

图 1-14 春秋时期的几与架

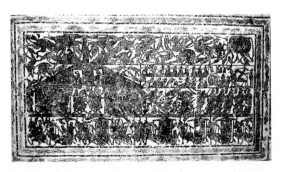

图 1-15 画像砖

春秋时期最讲礼制，建筑与装饰方面等级森严，无论彩画还是色彩都有明确的规定。

秦统一中国后，中国进入了封建社会的上升期。开拓进取之风兴起，土木工程大盛。秦阿房宫规模宏大，造型华美，将中国古代建筑推向了前所未有的高度。秦汉建筑与装饰，体现出一种宏大的气势。由于生产力的提高和歌功颂德思想的驱使，此时的建筑、家具、画像石、画像砖、金银器和漆器等都有了很大的发展（图 1-15 和图 1-16）。

秦汉时期，人们依然保持席地跪坐的生活起居习惯，高型家具尚未出现。几的形式逐渐增多，有些几案涂刷红漆或黑漆，有些几案还以绘画、雕刻等作为装饰。汉时的案，已经加长和加宽，为的是能够放置更多的器具和食物。汉时的床，既可用于日常起居，又可用来宴请宾客。床的基本形式有两种：一种是大床，常在后面和左右立屏风，在床上置几，诸人可围几而坐；另一种是小床，称"榻"，面积小，高度低，通常只坐一人。尊者、长者之榻，可用帐幔来围隔。帐幔在汉代是十分流行的陈设，从许多画像石、画像砖和壁画所绘的宴乐图中，都能看到帐幔的形象（图1-17）。

图 1-16 画像石

秦汉瓦当图片欣赏

图 1-17 画像石

汉代的中国传统建筑结构体系和基本形式已大体确立。砖、瓦质量大大提高，装饰纹样更加丰富，人物、文字、植物、动物、几何纹样等已广泛用于门窗、墙、柱、斗拱、顶棚和瓦件（图1-18）。

两晋南北朝时，战争频繁，佛教迅速传播，是一个民族大融合的时期。此时，席地跪坐的习俗尚未改变，但传统家具已有新的发展。一是睡觉用的床已经增高，周围有可拆卸的矮屏，上部可以加顶；二是起居用的小床（榻）也已加高，人们既可坐在床上，也可垂足坐于床沿；三是出现了长几、曲几和多折屏风等新型家具；四是受民族融合的影响，西北地区民族的胡床，经东汉末年传入中原后，已逐渐普及至民间。此外，还出现了椅子、方凳、束腰

图 1-18 汉瓦当

凳等部分高坐具。高坐具的出现，对室内空间和陈设布局均有一定的影响，也为唐代之后逐步废弃席地跪坐的习俗做了必要的准备。从装修装饰方面看，此时已有覆斗式藻井，不仅形式多样而且色彩丰富。装饰题材中增加了佛教内容，如莲花和须弥座等。

综观中国建筑和室内设计的发展，春秋战国时期是一个转折点，两晋南北朝时期可谓又一个转折点。

隋唐是中国封建社会的高峰期，也是中国传统建筑与室内设计发展的高峰期。隋朝历经37年，时间虽短，却基本上摒弃了两晋南北朝的艺术风格，继承了秦、汉的艺术风格，从而对唐代灿烂文化的形成起了承前启后的作用。

唐朝的艺术思想与前朝不同。如果说两晋南北朝时艺术是为了满足对心灵创伤抚慰的要求，那么到了唐朝，则是为了满足人们对于现实生活的要求。艺术思想逐渐完成了从上天到人间的转变，故有学者把它看作中国建筑和室内设计发展过程中的第三个转折点。

唐朝素以国泰民安、盛世昌平为人们所称道，与这种社会状况相对应，建筑和室内设计遂表现为规模宏大、气魄非凡、色彩丰富、装修精美，并体现出一种厚实的艺术风格（图1-19）。这种厚实表现为写实与变化的结合、现实与理想的结合、民族文化与外来文化的结合。它以极大的丰富性

图 1-19 唐代佛光寺大殿

图 1-20 晋祠圣母殿内的彩塑（一）

图 1-21 晋祠圣母殿内的彩塑（二）

充实、发展了中华民族的建筑文化，并深深地影响了日本、朝鲜乃至更多的国家。

同时，隋唐家具也有了新的发展：一方面席地跪坐和使用床榻的习俗依然存在；另一方面，垂足坐的习惯逐渐从上层普及到民间。此时，已有多种凳、椅、桌，特别是供多人使用的长凳和长桌，还有了多折有座的大屏风。这种屏风，或立于空间的中央，成为活动的背景；或用于将大空间分成小空间，使空间布局更加具有层次感。家具中开始使用嵌钿等工艺，风格简明、大方而流畅。

室内装修方面，藻井相对简洁，彩画中初次使用了"晕"的技法。装饰纹样中，除传统的莲瓣之外，更多地使用卷草、人物和瑞兽，间或使用回纹、连珠和火焰纹。整个构图风格饱满、丰富、统一、和谐。

宋朝的建筑与室内设计虽然受唐朝影响很大，但在装饰方面却远比唐朝精致。宋时，琉璃瓦、雕刻及彩画等较从前发达，为建筑增添了更多的艺术效果。宋朝的装饰风格总体上说是简练、生动、严谨、秀丽，给人以更为亲切的感觉。宋代建筑中著名的晋祠圣母殿，殿堂宽大疏朗，存有宋代精美彩塑侍女像 43 尊，这些彩塑塑像形象逼真，造型生动，情态各异，是研究宋代雕塑艺术和服饰的珍贵资料（图 1-20 和图 1-21）。

宋时已经完全改变了跪坐的习俗，这对家具的发展影响很大。一是桌、凳、椅等高足家具日益普遍；二是框架结构逐步代替了隋唐时期的箱型壶门结构；三是应用了大量线脚，丰富了家具的造型。起居方式的改变还在一定程度上影响了房间的高度和室内的布局。此时，出现了精美的成套家具，它们与精美的小木作互相照应，形成了对称或非对称式的陈设格局。宋朝的室内空间高度加大了，更显开朗、明快。顶棚、藻井、彩画、斗拱等雕刻精美，且富于变化。

北宋颁布了《营造法式》，对各类建筑的设计、结构、用料等做了明确的规定，它是当时的一部"建筑规范"，对总结我国传统建筑的经验和推动建筑的发展均起了很大的作用。

元代统治者为少数民族。在这个时期里，众多民族互相往来，在思想、文化、习俗和艺术等多方面进行交流，给我国的建筑和室内设计增加了许多新内容。元代的宫殿使用了许多稀有的贵重材料，如紫檀木和各色琉璃瓦等。主要宫殿还多用方柱，涂红描金，并常以挂毯、毛皮等作为装饰。元朝的统治者延续着游牧生活的习惯，元代建筑也受到了藏传佛教和伊斯兰教的影响。仔细分析元代建筑及其室内设计，可以发现两种情况：一是中国建筑和室内设计由于吸收了多方面的营养而显得丰富多样。以现存元代建筑永乐宫为例，其气势宏伟，蔚为壮观，其中的壁画比宋代壁画厚重、结实，表现得更自由。二是中国建筑和室内设计的总体风格并没有从根本上有所改变，依然保持着固有的特征。

明清时期是中国封建社会从恢复、发展走向崩溃的时期，也是中国建筑和室内设计沿着固有道路总结、充实、完善和发展的时期。明清的建筑成就，使中国传统建筑达到了新的高峰。

明朝建筑与室内设计的基本特点是造型浑厚、色彩浓重、简洁大方。在这方面，明式家具最具代表性。

清朝是中国封建社会逐渐走向崩溃的朝代。由于资本主义的渗透，建筑与室内设计均受到外域文化的影响。清乾隆时期，恰是法国路易十五时代，也是"洛可可"风格在欧洲盛行的时代。清代的宫廷装饰也受到了这种风格的影响，圆明园就是"洛可可"风格的典型实例，我们从圆明园的残迹中仍然可以想象当时的奢华（图1-22和图1-23）。从总体上看，清朝建筑与室内设计继承了明代的传统，但宫廷建筑、家具、陈设与装修日趋复杂和华美，然而其整体形象远不如明代那样统一和谐。明清时期，园林方面的成就极其明显，其理论与实践对室内设计产生了深远的影响。

图 1-22 圆明园残迹（一）

图 1-23 圆明园残迹（二）

清朝颁布了《工部工程做法》，统一了宫廷建筑的用料和做法。该书是我国建筑史上一部重要的专业著作，对总结我国传统建筑的经验具有重要的意义。民国时期，我国的建筑和室内设计明显受到西方文化的影响，在风格上逐渐走入抄袭、模仿的阶段。但民间建筑所受影响不大，依然保留着固有的传统和特征。

中国古代室内设计以古代中国建筑为依托，以中原为中心，以汉文化为主体，经历了两次重要转折（春秋战国时期和魏晋南北朝时期）、三个高峰（秦汉、隋唐、明清时期），至清末结束，在漫长的发展过程中，始终保持了较为完整的特征，表现出了浓厚的大陆色彩、农业色彩和儒家文化色彩，还表现出了鲜明的地方性和民族性。主要原因如下：

（1）地理环境基础：中国面积大，但边缘环境相对恶劣，因此从社会发展的大方向来看还是过于内向和闭塞。

（2）经济基础：重农抑商，这种经济及其相应的宗法制度直接影响着建筑和室内空间的形式。

（3）思想基础：儒家思想影响广泛，儒家所倡导的伦理道德观念几乎渗透到了包括建筑在内的所有文化领域。

总的来说，中国古代室内设计具有以下特征：

（1）内外空间一体化。从本质上来讲，中国传统建筑讲究的是将建筑实体的正体量与实体围合的负体量进行一体化设计。由建筑实体围合的中心院落，形成对外封闭性和对内开放性的空间。建筑的内部空间以独特的方式与外部院落空间相联系，形成了内外一体的设计理念。通常情况下，内部空间直接面对着庭院、天井。许多房屋都设有回廊或廊道。廊就是一个室内与室外的过渡空间，它使内外空间的变换更加自然；在适当的地方巧妙地应用隔扇门或直接使用栏杆，将天然光和自然风引入室内，使室内与室外连成一体，也使庭院成为厅堂的延续，使内外空间得以交融。另外，中国传统建筑在空间的处理上还擅长"借景"，"巧于因借，精在体宜"。正如计成在《园冶》中所说："轩楹高爽，窗户虚邻，纳千顷之汪洋，收四时之烂漫。"凡是能触动人的景观，都可以被借用到建筑当中。

（2）布局灵活化。中国传统建筑的平面以"间"为单位，由间成栋，由栋成院。建筑中的厅、堂、室可以是一间，也可跨几间。厅、堂、室的分隔有封闭的，有通透的，更多的则是隔而不断、互相渗透的。如何使简单规格的单座建筑富有不同的个性，主要依靠灵活多变的室内空间处理。例如一座普通的三五开间小殿堂，通过不同的处理，可以成为府邸的大门、寺观的主殿、衙署的正堂、园林的轩馆、住宅的居室、兵士的值房等完全不同的建筑。室内空间处理主要依靠灵活的空间分隔，即在整齐的柱网中间用板壁、隔扇（碧纱橱）、帐幔和各种形式的花罩、飞罩、博古架隔出大小不一的空间，有的还在室内上空增加阁楼、回廊，把空间竖向分隔为多层，再加以不同的装饰和家具陈设，使得建筑的性格更加鲜明。另外，天花、藻井、彩画、匾联、佛龛、壁藏、栅栏、字画、灯具、幡幢、炉鼎等，在室内空间艺术中也起着重要的作用。

（3）陈设多样化。中国传统室内设计注重陈设的作用，其室内陈设面很广，涉及多种艺术门类，如家具、绘画、雕刻、书法、日用品、工艺品等，其中，书法、盆景、民间工艺都具有中国传统特色。我们常见的悬挂字画、屏刻和匾额等都是其中的一些表现形式。

木雕工艺

（4）构件装饰化。中国传统建筑以木结构为主要体系。在满足结构要求的前提下，几乎对所有构件都进行了艺术加工，以达到既不损害功能又具装饰价值的目的。古建筑中的顶棚经常做露明处理，为了解决暴露在外的梁架对视觉的影响而对这些构建做一些雕刻处理。

（5）图案象征化。用直观的形象表达抽象的情感，以达到借物喻志、托物寄兴、感物兴怀的目的。在中国传统建筑中，通常采用象征、比拟的手法进行艺术处理，主要有形声、形意等手段。形声，即利用谐音，使物与音义相应和，表达吉祥、幸福的内容。如富贵（桂）平（瓶）安——图案为桂花和花瓶；五福（蝠）捧寿——图案为五只蝙蝠和蟠桃等（图1-24）。形意，即利用直观的形象表示延伸了的而并非形象本身的内容。在中国传统建筑中，有大量以梅、兰、竹、菊为题材的绘画或雕刻。

图1-24 木雕

第四节　国外室内设计的发展

　　古埃及、古希腊、古罗马的石砌建筑，印度的石窟建筑和中国的木构架建筑，由于装饰和结构一体化而呈现出装饰与建筑一体化的特点。在古埃及，石头是其主要的建筑材料，柱式是其风格标志，柱式挺拔优美，整个装饰风格简约、雄浑（图1-25和图1-26），展示了古埃及人民的智慧。

　　古希腊和古罗马建筑在建筑和室内装饰方面都发展到了很高水平。古希腊的柱式发展到后来已经不仅仅是一种建筑部件，更准确地说，已经成为一种建筑风格的规范。其最典型、最辉煌，也最意味深长的柱式主要有三种：多立克柱式、爱奥尼柱式和科林斯柱式。这些柱式不仅外在形式直观地显示出和谐、完美、崇高的特征，而且是西方古典建筑室内设计特色的基本组成部分。古希腊雅典卫城的帕提农神庙（图1-27和图1-28），柱廊就起到了室内外空间过渡的作用，其精心推敲的尺度、比例和石材性能的合理应用，成功营造了完美、高大的室内空间。

古埃及壁画欣赏

图1-25　古埃及神庙的石柱

图1-26　古埃及神庙的浮雕

图1-27　帕提农神庙

图1-28　帕提农神庙檐部

古罗马继承和发展了古希腊建筑的传统，经过拱券结构技术的改造，改变了建筑的形制、形式和风格，拱券结构最终成为古罗马建筑最大的特色（图1-29和图1-30）。古罗马建筑中室内典型的布局方法、空间结合、艺术形式和风格，以及某些特定建筑的功能和规模等，都与拱券结构有紧密联系。

图1-29　古罗马的斗兽场

图1-30　拱券结构

在吸取了古罗马建筑遗产丰厚的经验和东方建筑艺术的精华后，拜占庭艺术形成了其独特的艺术体系。同时，由于地理关系，拜占庭艺术又吸取了波斯、两河流域、叙利亚等东方文化，形成了自己的建筑风格，这对后来的伊斯兰清真寺建筑产生了积极而深远的影响。拜占庭的穹顶技术和集中式形制是其建筑空间的特色。拜占庭建筑无论内部或外部，穹顶或墙垣都有大面积的表面装饰。内部的墙上贴有彩色大理石板，拱券和穹顶不方便贴大理石板就用马赛克或者粉画（图1-31）。

10—12世纪，欧洲基督教流行地区的建筑主要以罗曼建筑为主。多见于修道院和教堂。其室内平面在初期仍以拉丁十字式为主，室内功能布局与宗教需要有关。中厅装饰简单，较为朴素，装饰的重点是圣坛，二者形成强烈的对比。罗曼建筑作为一种过渡形式，随着结构功能的变化，逐渐发展演变为后来的哥特式建筑。罗曼建筑以著名的意大利比萨教堂建筑群为代表（图1-32和图1-33）。

图1-31　圣索菲亚大教堂

图1-32　比萨教堂建筑群

在12—15世纪，西欧建筑主要以哥特式建筑为代表。十字拱、骨架券、两圆心尖拱、尖券等做法和扶壁技术的发展配套，艺术上的处理更加完善，形成了成熟的风格。哥特式建筑顶部结构由石头的骨架和飞扶壁组成，采用了尖券、尖拱和飞扶壁，内部空间高耸，整体与装饰细节造型元素统一，风格和结构手法形成了一个有机整体（图1-34）。哥特式教堂内采用大面积精巧华丽的彩色玻璃窗，色彩斑斓绚丽，精巧迷幻，有着梦幻般的装饰意境（图1-35）。

　　始于14世纪的意大利文艺复兴，标志着人类从中世纪向近现代的过渡。建筑装饰在当时占西欧建筑成就的主导地位。文艺复兴时期的建筑师充分发挥柱式体系的优势，将柱式与穹隆、拱门、墙面有机结合，整体风格轻快优美，创造出的建筑既有古希腊的典雅又有古罗马的壮丽景象（图1-36）。

哥特式建筑的巅峰之作——科隆大教堂

图1-33　比萨斜塔

图1-34　哥特式建筑

图1-35　彩色玻璃窗

图1-36　圆厅别墅

　　17世纪室内装饰领域一反文艺复兴艺术的庄重典雅和含蓄和谐的古典主义原则，呈现出豪华壮观与热烈奔放的风格特征，并开始了室内装饰与建筑主体的分离。这主要是因为室内的翻新、改建和装修的周期较短，于是，装饰工匠的称谓开始出现。这意味着设计师可以不动建筑的主体和筋骨，而按照时代的需求和流行式样，对建筑室内进行频繁的改建和装饰。

　　巴洛克艺术的主要成就集中反映在教堂和宫殿建筑上，其中室内装饰和家具尤为突出。它们在充分运用文艺复兴艺术成果的基础上获得了明显的发展，在装饰内容、装饰风格和装饰技法上出现了不同的特征。

　　巴洛克式建筑的室内充满了强烈的动感效果，喜欢运用曲线、强调动感；喜欢使用大量壁画、雕刻，富丽堂皇，而且注重壁画、雕刻本身的艺术性（图 1-37）。而滥觞于法国的洛可可式建筑室内设计则是皇亲贵族追求优雅和亲切装饰效果的结果。洛可可风格排斥建筑母题，喜用镜子、镶板、玻璃吊灯；线脚比较细、薄，没有体积感；装饰题材有自然主义倾向，喜用舒卷的草叶；喜用娇艳的色彩，如嫩绿、粉红等，线脚多为金色，顶棚多为蓝色且有白云；常避免用直线和直角，喜用曲线；致力于繁缛精致、奢丽纤秀的装饰风格。为适应宫廷的异国情趣要求而在室内采用了许多来自中国、土耳其、印度和波斯的题材和装饰，华美、明丽、刻意修饰，竭尽装饰之能事是室内装饰的典型（图 1-38）。随着 1789 年法国大革命的爆发，洛可可时代宣告结束。

图 1-37 巴洛克建筑室内设计

图 1-38 凡尔赛宫镜厅

英国的工业革命，是资本主义生产从手工工场阶段向大机器工厂阶段的过渡。它孕育着一场剧烈的社会关系的变革，预示了为现代生活奠定雄厚物质基础的工业社会的到来。新兴的工业技术向一切设计师的智能、知识、技能和艺术处理能力提出了挑战，这是一种基于新的功能的设计观，它和以装饰为己任的形式有本质区别。

18 世纪下半叶，欧洲城市建筑随着工业的发展逐渐进入一个新的阶段，首批代表初期功能主义形式的建筑逐渐问世。同时，古典主义、浪漫主义和折中主义也十分盛行。在英国建筑师普金（A.W.N.Pugin，1812—1852）等人的设计中，可看到许多模仿中世纪哥特式建筑细部装饰的实例。

1851 年在英国伦敦海德公园内举办的首届工业产品博览会上，杰出的园艺师帕克斯顿（Joseph Paxton）以玻璃和钢材为材料，设计并主持建造了举世瞩目的展馆建筑——"水晶宫"（Crystal Palace）（图 1-39），开辟了建筑形式的新纪元。但是，当时的大多设计师却仍然主张崇尚手工而反对工业大机器生产的方式。拉斯金（John Ruskin，1819—1900）和莫里斯（William Morris，1834—1896）就选择了向自然界和哥特式建筑寻求设计灵感的道路。理论家约翰·拉斯金将采用自然题材作为革新设计观念的一个重要方面，同时从装饰角度提出了美术应当与技术相结合的主张。拉斯金的思想理论对莫里斯及其倡导的工艺美术运动产生了直接而重大的影响。

1860 年，威廉·莫里斯在伦敦肯特的贝克斯利希恩建起了著名的住宅——"红屋"（图 1-40）。该住宅结实、宽敞、简朴，毫无矫揉造作之感；平面根据功能需要设计成"L"形，视觉效果主要依靠地方建筑材料本身的色彩和肌理来取得，不加粉刷的外墙做成清水红砖（红屋由此得名）；房屋外形能真实地反映室内的房间分隔和功能。这种将功能、材料和艺术造型结合起来的尝试，成了莫里斯倡导工艺美术运动的起点。莫里斯十分注重流行于中世纪哥特行会制度中的手工技艺，并竭力把工艺品从日用品提高到艺术品的层次奉献给广大人民。莫里斯等设计师坚持的宗旨是：计划时代的艺术家们完全艺术化地进行创作，设计所有艺术化的产品。在莫里斯眼里，中世纪的一切都是美好的，人和自然和谐一致，建筑、工艺和衣食住行都弥漫着宁静的诗意。手工匠人创造的一切都使人得到美好的享受，工匠就是艺术家，艺术家就是工匠，手工技艺是最高的艺术。莫里斯认为，自从现代文明出现机器以来，这种美好和谐的艺术就被破坏了，所以他把工业化机器生产视作艺术的对立面，主张用手工来完成艺术创造。但事实上，他自己设计的作品主要是在工厂里生产出来的。由他的公司出售的家具，也是为了适应现代室内环境需要采用机器制造的，他经营的店铺豪华异常。在现实面前，他不得不感叹自己所从事的劳动是"为富人可鄙的奢侈生活效劳"。

水晶宫世界博览会

图 1-39　伦敦水晶宫

图 1-40　红屋

莫里斯学说具有一定的局限性。手工艺产品无法在大众中普及，注定了其学说前景必然暗淡可悲。但莫里斯的艺术却极大地影响了许多行业的商品生产，他的艺术风格在很大范围内被引进了机器生产，这是他始料未及的。他把长期以来人们轻视的工艺美术和手工艺提高到了应有的地位，有力地推动了英国工艺美术运动的发展；同时，工业和技术美学受到了重视，抽象的图形和结构在工业化迅速发展的情况下逐渐得到普及。作为在工艺艺术领域内最先提出新的美学主张和在实践中有所突破的莫里斯，其功绩不容忽视。

在莫里斯及其学说的影响下，19 世纪末英国出现了一批类似莫里斯公司的设计行会组织。一些青年艺术家和设计师决心将自己的一切献给手工艺术设计事业，从而掀起了工艺美术运动的高潮。著名的有 1882 年麦克默多（H.Mackmurdo，1851—1942）组织的"世纪行会"（Century of Guild）、1884 年成立的"艺术工作者行会"（The Art Worker's Guild）及"家庭艺术与工业协会"。1888 年，莫里斯的学生阿什比（Charles R.Ashbee，1863—1945）创立了"工艺美术展览协会"（The Arts and Grafts Exhibition Society），同时创办了手工艺学校，试图将设计教学理论和工厂实践结合起来。工艺美术展览协会则通过举办展览会，大力宣扬英国的工艺美术运动。阿什比认为，现代文明建立在机器之上，任何鼓励和支持艺术的学说若不承认这一点，就不可能是正确的。

工艺美术运动和哥特复兴在一定程度上呈现出对东方尤其是对日本艺术的关注和崇拜。代表盎格鲁—日本（Anglo-Japanese）风格的家具设计被人们竞相仿效，风靡一时。

19 世纪末 20 世纪初，"新艺术"（Art Nouveau）风格开始在建筑、美术及实用艺术中流行。新艺术运动潜在的动机是彻底地与 19 世纪下半叶的西方艺术界流行的两种趋势决裂。它的形成来自各种传统的装饰——法国的洛可可装饰风格、拉斐尔前派的绘画、撒克逊的彩饰图形以及以装饰性的平面和色彩高度概括的自然形象，还有以非对称的动态构图见长的东方艺术（尤其是日本版画）。就像哥特式、巴洛克式和洛可可式一样，新艺术一时风靡欧洲大陆，显示了欧洲文化基本上的统一性，同时也表明了各种思潮的不断演化与相互融合。新艺术在时间上发生于新旧世纪交替之际，在设计发展史上是古典传统走向现代运动的一个必不可少的转折与过渡，其影响十分深远。

法国的"新艺术"

新艺术与先前的历史风格决裂。新艺术的艺术家们声称希望将他们的艺术建立在当今现实，甚至是未来的基础上，为探索一个崭新的纪元打开大门。为此，他们认为只有打破旧时代的束缚，抛弃旧有风格和元素，才能创造出具有青春活力和现代感的新风格来。同时新艺术也拒绝西方艺术的另一趋势——自然主义。新艺术的拥护者热衷于表现华美、精致的装饰，而这正是自然主义者们为追求日常生活的真实而抛弃了的特点。新艺术指责自然主义者是对自然奴隶般的模仿者，把自己围于细枝末节之中而不努力综合、提炼，以更为自由的方式去表现它们。然而，尽管新艺术反对自然主义，新艺术运动的艺术家们实际上却又是崇拜自然的，只是他们崇尚的是热烈而旺盛的自然活力，这种活力难以用复制其表面形式来传达。新艺术最典型的纹样都是从自然草木中抽象出来的，多是流动的形态和蜿蜒交织的线条，充满了内在活力。这些纹样被用在建筑和设计的各个方面，成了自然生命的象征和隐喻。

新艺术运动十分强调整体艺术环境，以获得和谐一致的总体艺术效果。从根本上来说，新艺术并不反对工业化。新艺术的理想是尽可能广泛地为公众提供一种充满现代感的优雅。工业化是不可避免的，新艺术的中心人物就认为"机器在大众趣味的发展中将起重要作用"。但是由于新艺术作品的实验性和复杂性，新艺术中的装饰性因素又常常是在批量生产中难以做到的。它不适合机器生产，只能用于手工制作。

新艺术风格的变化很广泛，在不同国家、不同学派具有不同的特点，使用不同的技巧和材料也会有不同的表现方式。既有非常朴素的直线或方格网的平面构图，也有极富装饰性的三度空间的优美造型。

新艺术运动的发源地是比利时，19世纪下半叶以来，新艺术运动最初主要集中在布鲁塞尔，使这里逐渐成为欧洲文化艺术的中心，并在这里产生了一批杰出的艺术家和一些典型的新艺术作品。

19世纪末的设计师们试图寻求一种设计的新语言，能适应工业时代精神的简化装饰，主要的实践集中在室内设计领域。

被誉为新艺术运动建筑设计的奠基人——比利时的霍尔塔（Victor Horta，1861—1947）于1893年设计的布鲁塞尔都灵路12号住宅（图1-41），是新艺术运动的最早实例。霍尔塔在建筑与室内设计中喜用葡萄蔓般相互缠绕和螺旋扭曲的线条，这种起伏有力的线条成了比利时新艺术的代表性特征，被称为"比利时线条"或"鞭线"。这些线条的起伏，常常是与结构或构造相联系的。浅浅的、不对称的曲线在墙上、楼梯柱和扶手的铁制品上流动，尤其是那令人难忘的楼梯及独立柱配上铁质卷须所具有的韵感，既整体又和谐。

图1-41 布鲁塞尔都灵路12号住宅

另外，威尔德的影响与霍尔塔同样深远。在他多彩的一生中，他与英国的拉斐尔前派绘画、莫里斯和英国工艺美术运动、法国印象主义、象征主义绘画以及新艺术运动的设计和现代理性建筑萌芽阶段之间有着错综复杂的联系。他的设计逐渐由新艺术发展到一种预示了20世纪功能主义许多特点的设计。其作品从一开始就具有新艺术流畅的曲线韵律。他的第一件作品是在布鲁塞尔附近为自己建造的住宅，从建筑环境到室内空间的每一局部，包括家具、帷幕甚至餐具等，都十分注重形式的统一。这是力图创造一种风格协调环境的尝试。他一方面主张设计师必须避免那些不能大规模生产的东西，另一方面又坚持设计师在艺术上的个性，反对标准化给设计带来的限制。这种观点在不同程度上也体现于这一时期其他艺术家的作品之中。

法国新艺术受到唯美主义与象征主义的影响，追求华丽、典雅的装饰效果。采用的动植物纹样大都是弯曲而流畅的线条，具有鲜明的新艺术风格特色。其中心主要集中在巴黎和南锡市。

在新艺术运动中，还有一位引人注目且极富天才和创新精神的人物，他就是西班牙建筑师高迪（Antonio Gauti，1852—1926）。虽然他与比利时的新艺术运动并没有渊源上的关系，但在方法上却有一致之处。他以浪漫主义的幻想极力使塑性艺术渗透到三度空间的建筑之中去。他吸取了东方的风格与哥特式建筑的结构特点，并结合自然形式，精心研究他独创的塑性建筑。西班牙巴塞罗那的米拉公寓（图1-42）便是一个典型的例子。米拉公寓的整体结构由一种蜿蜒蛇行的动势所支配，体现了一种生命的动感，宛如一尊巨大的抽象雕塑。但由于不采用直线，在使用上颇有不便之处。

19世纪末，正当欧洲的设计师在为设计中的艺术与技术、伦理与美学以及装饰与功能的关系而困惑时，美国的建筑界却凭借着钢铁生产及钢材加工技术的发展、钢结构技术的发展、升降机安全装置的发明等条件迅速发展了高层建筑。美国的芝加哥因此成为世界高层建筑的发源地。芝加哥学派应运而生。

芝加哥学派包括众多的设计师，他们的建筑设计的共同点是注重内部功能，强调结构的逻辑表现，立面简洁、明确，采用整齐划一的大片玻璃窗，突破了传统建筑的沉闷形式。沙里文（Louis Henry Sullivan）作为芝加哥学派中最重要的中坚人物和理论家，他最先提出的"形式永远追随功能"（Form Follows Function）口号，成为现代建筑运动中最有影响力的信条之一。这对功能主义的发展起到了促进作用。

沙里文的学生，第二代芝加哥学派中最负盛名的人物是美国建筑大师赖特。他吸收和发展了沙里文"形式永远追随功能"的思想，力图建立一个建筑学上的有机整体概念，即建筑的功能、结构、适当的装饰以及建筑的环境融为一体，形成一种适于现代艺术表现的有机体，他十分强调建筑艺术的整体性，强调建筑的每一个细部与整体的协调。赖特等人在美国中西部一带设计建造了许多住宅，在功能、形式、空间、体量等方面进行了卓有成效的探索（图1-43）。

图1-42 米拉公寓

图1-43 赖特的作品

与此同时，在德国和奥地利的维也纳等地也相继出现了室内设计的革新活动。这些探索性的活动意味着一种革新思想的开端，肯定了机械作为新兴制作工具的价值，认为大量生产之所以降低产品品质，是人类尚未完全熟悉机械，缺乏驾驭机械的能力，一旦人类能够正确而充分地运用机械，它将为人类的设计提供无限的可能性。以维也纳为中心的分离派运动，终止、结束了单纯装饰部件与建筑主体相结合的矛盾，成为现代室内设计的先驱。

历史的不断发展、演变，新鲜血液的不断注入，不同文化和艺术的融合，奠定了西方现代室内设计的基础。西方现代室内设计出现了许多不同的风格和流派，如现代风格、后现代风格、新现代风格、自然风格以及混合风格等。

1919年成立的包豪斯学派，强调突破旧的传统，创造新建筑；重视功能和空间组织，注重发挥结构构成本身的形式美，造型简洁，反对多余的装饰；崇尚合理的构成工艺及新生材料的性能；讲究材料自身的质地和色彩的配置效果，发展了非传统的以功能布局为依据的不对称的构图手法。包豪斯学派重视实际的工艺制作操作，强调设计与工业生产的联系，由此产生的现代主义设计强调摒弃一切不必要的装饰，功能第一，形式第二。其目的是把设计从以往为少数权贵服务的方向转变成为广大普通民众服务。设计师的设计致力于创造能够大工业化生产的、能普及的新设计。建筑大师勒·柯布西耶提出了住宅是"住人的机器"的口号，强调机器化大生产模式（图1-44）。

到20世纪70年代的时候，很多设计师认为现代主义已经到了穷途末路，但有一些设计师却依然坚持不懈地发展现代主义传统并完全依照现代主义的基本语言设计。他们根据具体情况加入了新的简单形式的象征意义，虽人数不多，但影响很大。贝聿铭便是杰出的代表，罗浮宫前的玻璃金字塔（图1-45至图1-47），结构本身不仅能满足功能的需要，还象征着历史与文明。他改变了一成不变的方玻璃盒子，并延续和赋予了建筑和室内以新的内涵。

图1-44 萨伏伊别墅

图1-45 罗浮宫前的玻璃金字塔（一）

图1-46 罗浮宫前的玻璃金字塔（二）

图1-47 罗浮宫前的玻璃金字塔（三）

20世纪60年代以后，后现代主义应运而生。一方面，它延续了消费文化中波普艺术的传统，作品都通俗易懂，能让人一目了然；另一方面，这些作品又包含着艺术的信息，显示了设计师深厚的历史知识和职业修养，表现出了通俗与高雅、美与丑、传统与非传统的并立，具有信息时代的艺术特点。后现代风格强调建筑及室内设计应具有历史的延续性，强调必须用各种不同类型的历史与装饰风格对其进行修正。但它并不拘泥于传统的逻辑思维方式，而是探索创新造型手法，讲究人情味，常在室内设置夸张、变形的柱式和断裂的拱券，或把古典构件的抽象形式以新的手法组合在一起，即采用非传统的混合、叠加、错位、裂变等手法和象征、隐喻等手段，以期创造一种融感性与理性、传统与现代于一体的"亦此亦彼"的建筑形象与室内环境。对后现代风格不能仅仅以所看到的视觉形象来评价，需要我们透过形象从设计思想来分析。后现代风格的代表人物有P. 约翰逊、R. 文丘里、H. 汉斯霍莱茵等（图1-48和图1-49）。

现代科技和文化带来了人们生活方式与追求的改变，人们普遍认为在美学上推崇自然、结合自然，才能取得生理和心理的平衡。因此，倡导"回归自然"的自然风格也随之产生。田园风格即可归入此类，它们都强调在室内环境中表现一种回归自然、悠闲舒畅的生活情趣。室内设置绿化，多用木料、织物、石材、竹等天然材料，显示材料的纹理，清新淡雅，创造一种自然、简朴、高雅的氛围（图1-50）。

随后其他风格流派也不断出现。其中，有代表性的是高技派和解构主义。高技派注重反映工业成就，其表现手法多种多样，强调对人有悦目效果的、反映当代最新工业技术的"机械美"，宣传未来主义；解构主义则运用现代主义的词汇，从逻辑上否定传统的基本设计原则。解构主义用分解的观念，强调打碎、叠加、重组，把传统的功能与形式的对立统一关系转向两者叠加、交叉与并列，用分解和组合的形式表现时间的非延续

图1-48 "母亲之家"外观

图1-49 "母亲之家"室内设计

图1-50 充满自然气息的室内设计

性。解构主义的一个突出表现就是颠倒、重构各种既有词汇之间的关系，使之产生新的意义。

近年来，室内设计在总体上呈现多元化、兼容并蓄的状况。混合型风格虽然在设计中不拘一格，运用多种体例，但设计中仍然要匠心独具，深入推敲形体、色彩、材质等方面的总体构图和视觉效果（图 1-51 至图 1-54）。

图 1-51 现代建筑室内效果（一）

图 1-52 现代建筑室内效果（二）

图 1-53 现代建筑室内效果（三）

图 1-54 现代建筑室内效果（四）

通过以上对室内设计发展历程的回顾和分析，我们发现要想找到当今室内设计的发展方向，就必须在对前人的经验进行认真研究与总结的基础上，通过发掘和整理，升华到理论的高度，并梳理出一套行之有效的室内设计方法，只有这样才能指导今天的设计。这也正是我们研究历史的意义所在。

第五节　室内设计的发展趋势

随着社会经济的快速发展，室内设计为越来越多的人所接受。经历了众多思想与品位演变的室内设计，逐渐呈现出多元化、复合型的设计特征。室内设计逐渐向更为人性化、理性化、智能化、生态化、节能低碳化等方向发展，主要表现在以下几个方面。

一、室内设计的人性化

以人为本，就是把人作为经济和社会发展的本原、本体，把人的发展视为发展的本质、目的、动力和标志的经济社会一体化的发展观念。设计从一定角度反映了社会观念的内涵，以人为主体研究衣、食、住、行以及一切生活、生产活动。从心理到行动上的人性化，包括各功能区域的划分、色彩的搭配、各种材质的搭配、家具的设计等。要想做到室内设计的人性化，就要多把心思放在细节的处理上，以便更好地满足使用者的需求（图1-55）。

图1-55　人性化居室一角

二、室内设计的理性化

伴随着现代城市发展进程，和谐、理性、可持续性的设计空间逐渐成为核心议题。根据不同的室内空间环境与功能需求，追求健康、文明、环保、新颖的功能与特点成为理性化理念的内在要求，创造性地协调各个对立因素，并在动态的过程中实现完美结合，以最大化地满足人们对功能和精神的双重需求。而在大众美学与具有文化内涵的审美情趣之间的关系的处理上，也更注重体现综合效益，即在室内环境设计中不过度包装，而是努力营造精神文化特色，使设计的使用功能更具实效，更贴近生活、贴近人们的需求，这正是室内设计发展的必然趋势（图1-56）。

图1-56　理性化设计

办公空间绿色设计

三、室内设计的智能化

智能家居是一个多功能的技术系统，它包括可视对讲、家庭内部的安全防范、家居综合布线系统、照明控制、家电控制、远程视频监控、声音监听、家庭影音系统等。与普通的家居相比，智能家居不仅具有传统的居住功能，还可提供更加舒适安全、高品位且宜人的生活空间。另外，由原来的被动静止结构转变为具有能动智慧的工具，帮助家庭与外部保持信息交流畅通，优化人们的生活方式，甚至为各种能源支出节约资金。室内设计的智能化正逐步成为人们生活的一部分。智能化设备具有能源控制、通信管理及安全监测等功能，使室内设计与相关行业衔接，这就对室内设计师提出了更高的要求（图 1-57）。

图 1-57 智能化公寓

图 1-58 生态化的室内设计

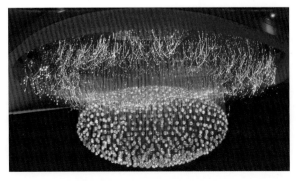

图 1-59 用于照明的 LED 灯

四、室内设计的生态化

自然或人工环境有时会影响到人的生理和心理健康，环境对人身健康造成的损失不可挽回。人与环境的影响是相互的，既可以带来互利互惠，也能够相互造成破坏。室内环境是人类营造的一种人工环境，与人的生活息息相关。自工业革命以来，自然界中产生的环境问题一直影响着室内环境建设的发展，如自然环境中的空气、水、土壤、矿产、森林等资源都受到室内设计结果的影响。要将生态观念融入室内设计，创造环保、绿色、自然的环境，以满足人们对健康环境的使用要求。面对越来越严重的环境问题，环境保护意识在人们的生活中逐渐得到深化，保护自然环境、营造生态绿色环境逐渐成为一种心理和生理需求，所以，针对室内设计方面的研究，实现室内环境优化，创造自然、健康、节能的室内环境是室内设计的一种发展趋势（图 1-58）。

五、室内设计的节能低碳化

近年来，随着经济的迅速发展，人们的物质生活水平得到了提高，但伴随着环境的不断恶化，雾霾、水污染等问题不断成为媒体报道的焦点。低碳化生活成为一个时髦的话题，对碳排放的控制举措逐渐影响到人们生活的各个领域，理念也逐渐深入人心。室内设计作为与人们生活密切联系的一个学科，也迅速吸收了低碳设计理念。节约能源方法如多使用绿色环保材料、注重简约朴素的设计、从个人身边小事做起等，躬行低碳消费，践履低碳生活模式，减少二氧化碳等主要温室气体排放量，把生态思想引入建筑设计以及室内设计领域，扩展室内设计内涵，将把室内设计推向更高的层次和境界（图 1-59）。

六、室内设计的多因素化和复杂化

由于室内空间使用者的需求越来越多、越来越高，许多新思想、新材料、新技术被广泛用于建筑与室内设计之中。这其中有追求简洁明快，体现纯粹、高雅的抽象艺术之美的现代风格的室内设计；有质朴清新、充满田野风情的室内设计；有通过传统构件、古典符号的精心运用以营造怀旧情怀的室内设计；还有以现代材质构筑富有时代感、体现高科技的空间环境设计（图1-60）。

图 1-60　运用传统构件体现室内格调

七、室内设计的人文化

将文化内涵融入室内设计领域是一个复杂、多样的过程。将生活环境与审美意识相结合，在室内设计领域中引入文化内涵，并不是单纯采用某一符号、语言和材料就能够实现的，而是要经过现代技术支撑，从传统文化、古典艺术中寻找积极的元素，并进行整体权衡，在设计创作过程中努力寻求传统与现代两者之间的契合点，通过装饰性、象征性、隐喻性的提炼符号，用新的语言形式来丰富现代室内空间，体现当代人的精神追求与文化修养。在室内空间、界面线形、室内家具布置等方面，给人以环境艺术美的体验（图1-61）。

图 1-61　具有人文特色的传统室内设计

八、室内环境的更新化

随着现代科学技术的迅速发展，社会生活节奏不断加快，生活质量不断提高，人们对生活、工作以及娱乐活动场所的环境提出了更高的要求，室内环境的更新速度也随之加快。人们对空间的质量要求从物质需求向精神需求发展，个性化、多样化的设计成为时代发展的潮流。只有室内设计自身的规范化进程进一步完善，设计、施工、材料、设施、设备之间的协调和配套关系进一步加强，才能适应室内环境快速更新的步伐。

◉ **思考与实训** ....◉

1. 简述国外室内设计发展史。

2. 试收集生态化室内设计资料，并分析总结其优点。

第二章 | 室内设计的形式美法则

学习目标

　　了解室内设计的原则，能够进行符合形式美法则和人体工程学要求的室内设计。

　　室内设计是技术和艺术的结合，在设计过程中涉及众多学科，其设计原则也涉及多方面的内容，如国家的方针政策、各种技术规范和安全防火规范等。我们在设计活动中必须遵守一定的基本原则，这些基本原则是历代设计师的经验概括，也是设计师对室内设计基本原理与特征的规律性总结，它们包含了技术与艺术的综合内容，确立了室内设计的目的性与基本原理，在设计方法中占有非常重要的地位，是设计师应该严格遵循的重要原则。总的来说，室内设计应遵循如下原则。

第一节　室内设计的原则

　　室内设计主要有以下四个原则。

一、功能性原则

　　室内设计的功能体现在物质和精神两个方面。从物质方面来讲，主要包括满足与保证使用的要求，保护主体结构不受损害和对建筑的立面、室内空间等进行装饰三个方面。设计师一方面以营造良好的室内环境为目的，把满足人们工作、生活的需要放在设计工作的首位。另一方面，室内设计的空间不仅应该满足使用功能的需要，还应该通过它的外在形式唤起人们的审美感受，满足人们的审美需要，满足在物质功能基础上的精神功能，也称之为心理功能。在满足功能需要的同时，还应该注意形式的表达。众所周知，关于功能和形式的讨论由来已久，有时因为强调功能而放弃形式，有时则偏重形式而放弃功能，只有当二者很好地协调时才能产生优秀的作品。

二、安全性原则

安全性原则包含两方面内容：一方面是结构和构造设计的安全性。从室内的地面到墙体再到顶棚的装修、装饰构造设计必须满足坚固、安全的基本要求。材料的强度和刚度以及节点连接构造要求安全可靠。另一方面，选用的装修、装饰材料应通过国家绿色环保认证，有毒物质和污染物的释放量不应高于国家或行业标准。材料的燃烧性能和耐火极限也是衡量材料安全性的重要标准之一。

三、精神性原则

室内设计更高层次的目的是通过设计语言、符号来表达一种艺术设计者个体与社会、自我与非自我的情感交流，是人的潜意识与显意识在精神层面的综合审美创造活动。因此，设计除了满足客观的功能、实用要求外，还必须满足人类主观、情感的精神性要求。设计主要通过视觉化的体验和交流让使用者在情感流露的氛围中实现视觉上的享受，得到一种精神上的审美愉悦。不同的形式美使人产生不同的形式感情，形成不同的心理和生理反应，并逐渐形成一定的审美标准，产生不同的情感反应，形成丰富的精神世界。在室内设计中对特定精神世界的追求与表现是十分重要的，需要我们不断地为之努力。

四、经济性原则

要根据建筑的实际性质和用途确定设计标准，不要盲目提高标准，单纯追求艺术效果，造成资金浪费，也不要片面降低标准而影响效果，重要的是在同样造价下，通过巧妙的构造设计达到良好的使用与艺术效果。

第二节　室内设计的形式美法则

从宏观意义上讲，"功能"和"形式"是建筑设计、室内设计乃至工业产品设计与景观设计等都必须把握的两个方面。室内设计是一种人为营造的空间环境，这种环境，一方面要满足人们一定的功能使用要求，另一方面要满足人们精神和审美的要求。因此，我们可以直观地感受到它实用的属性和形式美的属性。在室内空间环境设计过程中，设计者必须从实用的属性和美的属性两方面充分考虑，进行艺术创造。在艺术创造方面，须从实际形态要素出发，以空间中的实体为媒介，使空间有变化，实现各种实用功能和艺术效果的完美结合，达到形式和功能的统一。

要想创造出既满足实用要求又有美感的室内空间环境，就必须以美的法则来指导构思设想，直至把它变成现实。室内空间环境的形式原理和法则主要从建筑实体及空间元素的大小、形状、色彩、质感，以及实体与空间元素的组合关系等方面进行考虑。研究和运用这些形式法则，对室内设计工作具有十分重要的意义。那么什么是美的形式法则呢？由于美学本身的抽象性和复杂性，在实践中，人们不可避免地存在种种疑问。更主要的是人们把形式美的规律与自身审美观念的差异、审美观念的变化和发展混为一谈。应当指出的是，形式美的规律和审美观念是两种不同的范畴，形式美的规律是带有普遍性、必然性和永恒性的法则，而审美观念则是随着民族、地域和时代的不同而发展变化的，具有较为具体的标准和尺度。两者是绝对和相对的关系，绝对寓于相对之中，不论何种艺术形式，或这些艺术形式由于审美观念的差异表现得多么千差万别，形式美的规律都应当体现在一切具体的艺术形式之中。审美观念的发展和变化在形式的处理上会产生不同的标准和尺度，但它们必须共同遵循形式美的法则——多样统一，只有明白这一点，才不会陷入思想上的混乱，更不会因为各自标准和尺度的差异而否定普遍、必然的共同准则。

古今中外优秀的建筑室内设计尽管在形式处理方面可能存在天壤之别，但大都遵循一个共同的准则——多样统一。因而，多样统一堪称形式美的规律。在这一规律下，衍生出一些形式法则，如主从、对比、韵律、比例、尺度、均衡等，这些法则作为多样统一在某一方面的体现，不能孤立地作为形式美的规律来对待。多样统一也称有机统一，即在统一中求变化，在变化中求统一，或可以解释为部分的多样性寓于统一的整体当中。一个整体的室内设计都由若干不同的部分组成，这些部分之间既有区别，又有内在联系，要把这些部分按照一定的规律有机地组合成一个整体，从各个部分之间的差别体现多样性和变化，从各个部分之间的联系体现和谐和秩序。一件作品，如果缺乏多样性与变化，必然使人感到单调乏味；如果缺乏和谐与秩序，则必然使人感到杂乱无章。一件完美的艺术品，要想达到有机统一，唤起人们的美感，必须既有变化又有秩序。

那么人的这种既要求有变化又要求遵循一定秩序的美感是如何产生和发展的呢？

一方面，作为人类生存客观存在的物质世界，给我们展现了一个完整、物质、和谐的有机统一体。从宏观方面来讲，宇宙间各星球都是按照万有引力的规律相互吸引并沿着一定的轨道、以一定的速度、有条不紊地运行的。从微观方面来讲，构成物质基本单位的原子内部结构也是条理分明、井然有序的。虽然这两者的和谐统一性并不可能由人们的感官直接地感受到，但是借助于科学研究，在人们的头脑中形成了极其深刻的观念。在自然界中，人们经验范围内可以认知和把握的有机体充斥于自然界的各个角落，随处可见，它们都呈现出千姿百态的生命形态，而合乎逻辑的形式正是以其各自的功能为依据，两者完美结合，达到功能和形式的多样统一（图2-1）。

图2-1　自然界中的生命形态

人作为一个有机体，其主体也是极有条理和合乎逻辑的。人体的外部和内部器官形式以及组织十分巧妙，各自都有正确而恰当的位置。正是整个自然界有机、和谐、统一、完整本质属性反映在人的大脑中而形成了完美观念，也正是这种完美观念支配着人的一切创造活动，特别是艺术创作。

古典建筑是我们研究建筑形式美最直接、最稳定的资源。因为古典建筑在历史的发展中经过世世代代的积累、提炼，已经形成了一套完整、稳定的形式体系。西方古典柱式的端庄、典雅以其独有的魅力激荡人心，令人赞叹，它的动人之处缘何产生，它各部分的和谐比例关系和韵律节奏感又是怎样形成的？现从以下三个方面来回答这些问题。

（1）人体美的尺度。在希腊人的艺术理念中，对人体的崇尚占据着主导地位，他们不仅为这种美赋予神性，将希腊神像按人体的真实比例来塑造，而且将这种美应用到建筑当中。为了在神庙中设立柱子，获得关于对称、和谐的规则，为了寻找可承重并满足美感的形式，他们测量了男性的足迹，并将足迹与男人的身高相比较。在男人身上，他们发现脚长是身高的1/6，并将此原理应用到柱身上，造就了柱身（包括柱基的厚度）是柱头的6倍。因此在建筑物中使用的多立克柱子显示了男人躯体的比例、强度与完美。随后，当他们渴望以另一种风格的美为狄安娜女神建造神庙时，便以女性纤细特征的语言来翻译这些足迹，因此得到了相比多立克柱式更加纤细、轻盈的爱奥尼柱式。由于希腊人相信"人体可以作为万物之尺度"，所以在他们的观念中，要获得建筑物的美感，就必须具备人体美的比例关系与和谐的秩序（图2-2）。多立克柱式和爱奥尼柱式分别代表了男性和女性的比例关系（图2-3），从柱头到柱基的每个部分都形成了以柱径为基准的数字关系，并将这种关系扩展到整个神庙的设计之中。

图2-2　人体雕塑

图2-3　多立克柱式和爱奥尼柱式

（2）数字规律的应用。希腊人对人体美的探索不是停留在形式的表面，而是深入形式的背后，是基于对客观事物的观察、分析而深究其形式的内在规律性——整体与局部的数量关系。抓住了这一点，就抓住了形式和谐的关键因素，也就能够使对美的追求从模糊状态上升到可以度量的状态。

自从希腊人用数学的方法发现了音程和谐的数量关系之后，这种方法就成为西方探索形式美的一条"永恒的金带"，它影响了整个西方建筑的发展。这种研究的直接成果，就是被帕拉迪奥总结的一组能够产生和谐关系的数字：$1:\sqrt{2}$、$1:\sqrt{3}$、$1:1.618$、$1:\sqrt{4}$、$1:\sqrt{5}$。这些数字除了在人的躯体中得到表达之外，在自然界的许多事物当中也都有所体现。然而，在实际应用当中，复杂的比例关系往往不容易把握和控制。为了解决这个问题，使得在实际操作中更加直观和方便，文艺复兴时期的建筑家们研究出一种辅助分析方法——规线法（regulating lines），即当许多矩形交织在一起时，如果它们的对角线相互平行或相等，则具有相同的长宽比例。借助规线法人们就很容易建立起一套复杂的比例系统（图2-4）。

（3）形式系统的完善。一种建筑语言的形成不是一蹴而就的，不是某一个建筑师在某个作品中完成的，而是在一个时期或一类建筑中体现出的共同特征。西方古典建筑语言经过九百多年的积累，才发展成为一个完整的形式体系。在历史上，任何一种建筑语言形式系统的成熟和完善都必须具备四个方

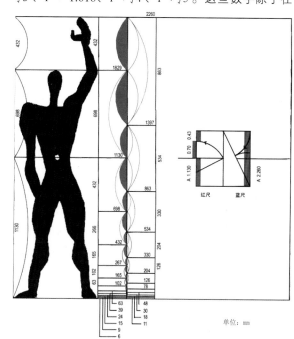

图2-4　勒·柯布西耶的人体比例图

面的特点：一是本类型建筑体系经过较长时期的发展，进而演化完善形成具有自身与众不同的独特风格，具有区别于其他不同类型建筑体系的显著标志。二是其形式特点具有明显的完整性，这种形式特点贯穿于此类建筑的整体和每个部分，直至每个细节，具有符合形式逻辑的一贯性。三是它的特点不仅表现在个别建筑中，也表现在一个时期的一类建筑中，具有风格特点的稳定性。四是形式已经发展为独立的建筑语汇，可以从功能中抽象出来，成为纯粹的语言符号并应用于不同的建筑实践中。

图 2-5　流水别墅（一）

西方古典建筑发展到后来的罗马建筑时，上述特点已经充分显示出来，它标志着古典建筑形式美的原则和古典建筑语法走向成熟。它那种严整一律、对称均衡，具有和谐的比例关系和韵律、节奏感，各组成部分起承转合都达到了无以复加的地步。它不仅有确定的形式规则、词汇、语法，也有与之相对应的语义关系，无论我们在什么时候、什么环境下使用它们，都能通过这些确定的形式系统领悟到其所表达的含义。

图 2-6　流水别墅（二）

建筑语言从西方古典建筑到现代建筑的演绎，也发生了一系列的变化。现代建筑，尽管在形式上与古典建筑有明显的不同，但是在遵循多样统一形式美规律的普遍原则这一点上是一致的。现代建筑大师赖特把自己的建筑称为"有机建筑"——具有本质、内在、哲学意义上的完整性。他设计的许多建筑都在体现着他的"有机建筑"理论，不仅强调与自然环境的协调，而且建筑本身也是高度和谐、统一而富于变化的。他强调根据材料和功能的特性而赋予它合理的形式，从而达到外部形式与内在要素的有机统一（图 2-5 至图 2-9 ）。

图 2-7　流水别墅（三）

图 2-8　流水别墅（四）

图 2-9　流水别墅（五）

那么什么是真正的多样统一，怎样才能达到真正的多样统一呢？正如格罗皮乌斯所指出的："构成创作的文法要素是有关韵律、比例、亮度、实的和虚的空间等的法则。词汇和文法可以学到……"因此，我们需要探讨一些与形式美有密切关系的若干基本范畴和问题。

（1）以简单的几何形状求统一。古代一些美学家认为简单、肯定的几何形状可以让人产生美感，他们特别推崇圆等几何形状，认为圆等是完整的象征——具有抽象的一致性。他们认为这些几何形状本身简单、明确、肯定，各要素之间具有严格的制约关系，因此也就更加容易辨认。以上美学观点可以从古今中外的许多建筑实例中得到证实。古代杰出的建筑如罗马的万神庙（图2-10和图2-11）、中国的天坛、埃及的金字塔等，均采用了简单、肯定的几何形状构图而达到了高度完整、统一的艺术效果。

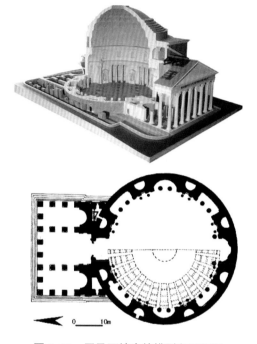

图 2-10　罗马万神庙的模型和平面图　　　　图 2-11　罗马万神庙

（2）主从与重点。在设计内容的若干要素中，人们会根据各部分要素在整体中所占比重的不同来判断此部分要素所处的主从地位。如果所有要素都处于同等重要的地位，不分主次，就会影响人的判断力，进而削弱整体的完整统一性。因此在设计过程中，对设计作品中的关键部位进行强化处理，各组成部分需要区别对待，它们应当有主与从的差别，有重点与一般的差别，有核心与外围组织的差别。通过对造型、色彩、肌理、尺度、材质等要素的处理，可达到突出其主体或中心地位及塑造重点的目的（图2-12）。

在室内设计中，设计师常使用设置趣味中心的方法来突出重点。趣味中心也称视觉焦点。作为室内环境的重点部分，通过其所处位置、形态、体量、色彩、尺度等，可起到点明主题、统率全局的作用。能够成为趣味中心的物体一般都有新奇刺激、形象突出、动感等特征（图2-13）。

（3）均衡与稳定。人们的审美观念是在生活中逐渐培养形成的。存在决定意识，在古代，人们在与重力做斗争的过程中逐渐形成了一套与重力有联系的审美观念，即均衡与稳定。现实生活中的一切物体都具备均衡与稳定的条件。鲁道夫·阿恩海姆提出了物理平衡和心理平衡的概念。前者是指物体在实际物理重量方面达到的平衡；后者是指人的视知觉经验所判断的平衡。视觉平衡与物理平衡有相同的规律。虽然人们不可能去称量物体的重量，却可以凭视觉感受来调整事物的形态、中心、比重等要素来获得平衡关系。

图 2-12　吊顶的特殊处理（一）

图 2-13　吊顶的特殊处理（二）

　　在室内设计中，稳定主要涉及空间上、下之间的轻重关系处理。通常，上轻下重、上小下大的布置形式是达到稳定效果的常用方法。

　　均衡一般指室内构图的各要素左右、前后之间的联系。以静态均衡来讲，有两种基本形式：一种是对称的形式。对称是最基本的平衡状态，包括轴对称和中心对称，将相同或相似的元素沿对称轴或中心布置，便可以取得对称的效果。对称的处理手法容易突出重点，其中心和轴线位置往往成为视觉中心或空间高潮，可以较容易地形成稳定、宁静、庄严的氛围。对称的形式天然就是均衡的，加之它本身又体现出一种严格的制约关系，因而具有一种完整统一性（图 2-14）。尽管对称的形式天然就是均衡的，但是人们并不满足于这一种均衡形式，而且还要用非对称的形式来体现均衡，从而追求一种微妙的视觉上的平衡。它比对称平衡形式更加自由、含蓄和微妙，可以表达动态的平衡，产生富于变化和生机勃勃之感。非对称形式的均衡虽然相互之间的制约关系不像对称形式那样明显、严格，但均衡本身就是一种制约关系。与对称形式的均衡相比较，非对称形式的均衡显然轻巧活泼得多，例如美国的古根海姆美术馆。

　　除静态均衡外，还有很多现象是依靠运动来求得平衡的，这种形式的均衡称为动态均衡。例如一些餐厅设计中吊顶的处理就具有一种动态的平衡（图 2-15），以表明形体的稳定感与动态感的高度统一，这也是一种静中求动的形式美。

图 2-14　空间的对称处理

图 2-15　动态稳定

（4）对比与微差。对比指的是要素之间显著的差异，微差指的是不显著的差异或差异比较小。当然，对比和微差是相对的，两者之间没有一条明确的界限，也不能用简单的数学关系来说明。例如一列由小到大连续变化的要素，相邻之间由于变化甚微，保持连续性，则表现为一种微差关系。如果从中抽去若干要素，将会使连续性中断，凡是连续性中断的地方，就会产生引人注目的突变，这种突变则表现为一种对比的关系。突变的程度越大，对比就越强烈。

就形式美而言，对比和微差都是十分常用的手法，这两者都是不可缺少的。对比可以借彼此之间的烘托陪衬来突出各自的特点以求得变化；微差则可以借相互之间的共同性以求得和谐。没有对比会使人感到单调，过分强调对比以至失去了相互之间的协调一致性，则可能造成混乱，只有把这两者巧妙地结合在一起，才能做到既有变化又和谐一致，既多样又统一。

对比和微差只限于同一性质的差异之间，如大与小、直与曲、虚与实，以及不同形状、不同色调、不同质地等。在建筑设计领域中，无论是整体还是局部，单体还是群体，内部空间还是外部形体，为了求得统一和变化，都离不开对比与微差手法的运用（图2-16和图2-17）。

（5）韵律与节奏。在室内设计的形式法则中，还存在着韵律与节奏的问题。韵律和节奏往往联系在一起，是表达动态的重要手段。所谓韵律，常指建筑构图中的有组织的变化和有规律的重复，使变化与重复形成有节奏的韵律感，从而给人以美的感受。在设计过程中，常用的韵律手法有连续的韵律、渐变的韵律、起伏的韵律、交错的韵律等（图2-18和图2-19）。

连续的韵律是以一种或几种要素连续重复排列，各要素之间保持恒定的关系与距离，可以无休止地连绵延长，给人留下整齐划一的印象。

当连续重复的要素按照一定的秩序或规律逐渐变化时，可以产生渐变的韵律。渐变

图 2-16　色彩的对比

图 2-17　微差

图 2-18 室内设计韵律（一）

图 2-19 室内设计韵律（二）

的韵律可以使人形成一种循序渐进的感觉，产生一定的空间导向性。当渐变的元素进行有节奏的变化时，就可以形成起伏的韵律。这种韵律往往比较活泼且富有运动感。

如果把连续重复的要素相互交织、穿插，就可能产生忽隐忽现的交错的韵律。

韵律在室内设计中的运用极为普遍，我们在形体、界面、陈设等诸多方面都能感受到韵律的存在。

（6）比例与尺度。任何造型艺术都必须考虑比例关系是否协调的问题，只有比例和谐的造型才能够引发人们的美感。"比例"一般包含两个方面的概念：一是设计内容整体或它的某个细部的长、宽、高之间的大小关系；所谓推敲比例，就是通过反复比较进而寻求这三者之间最理想的关系。二是建筑物整体与局部或局部与局部之间的大小关系。人们从事的创造活动，都在寻求比例关系的和谐。其中，希腊的毕达哥拉斯学派就认为数是万物的本原，事物的性质是由某种数量关系决定的，万物按照一定的数量比例而构成和谐的秩序。他们企图在自然界复杂的现象中找出数的原则和规律，并且进一步地用这个原则来观察宇宙万物，探索美学中存在的各种现象。由此他们提出了"美是和谐"的观点，并首先从数学和声学的观点出发去研究音乐节奏的和谐，认为音乐节奏的和谐是由高低、长短、强弱各种不同音调按照一定数量上的比例组成的。"音乐是对立因素的和谐的统一，把杂多变为统一，把不协调变为协调。"毕达哥拉斯学派还把音乐中和谐的道理推广到建筑、雕刻等造型艺术中去，提出了著名的"黄金分割"理论，指出了关于比例形式美的规律。毕达哥拉斯学派的研究理论对建筑艺术有非常大的实际意义，被认为是艺术和建筑理论的理想依据。

在进一步的实践中，人们发现和谐的比例关系不仅存在于黄金分割比中，还存在于哪怕是一个环境要素或环境总体的局部与整体之间。

与比例相联系的另一个范畴是尺度。它们都能表达物体的尺寸与形状，其区别在于比例有较为严格的数据比率，是相对的，并不涉及具体尺寸。在这里，"尺度"是指建筑整体和某些细部与人或人们所习见的某些建筑细部之间的关系。尺度的确定较为主观，依靠设计者的审美和艺术修养进行直观的把握。尺度的合适与否对使用者有很大影响。尺度的选择不仅关系到使用功能，而且关系到人们在使用过程中的生理和心理感受（图 2-20）。尺度的另一个方面，体现在人们对日常生活中的物品大小、尺寸的经验和记忆，从而形成一种正常的尺度观念。如果物体改变了本身原有的尺度，则会影响人们的辨识。在辨识过程中，人们利用一些熟悉的物体与整体或局部做比较，将有助于获得正确的尺度感。对于某些特殊的情况，比如在纪念性的空间创作中，设计者可以有意识地通过一些处理表达自己的设计意图，通过夸张的尺度取得一些特殊的效果；相反，有些时候则需要通过缩小尺度来给人一种亲切的尺度感（图 2-21 和图 2-22）。这些情况虽然感觉与真实之间不完全吻合，但作为营造艺术效果的手段还是可以的。

不同比例和尺度的空间给人以不同的感受。首先，大小适度的空间可以营造出亲切、宁静的气氛，而一些体量大大超出功能使用要求的室内空间往往能营造出一种宏伟、博大或神秘的气氛。因此，设计师对室内空间进行划分时，对空间的处理必须考虑到人的心理感受。尤其是室内空间的高度，对人的精神影响

图 2-20　门的处理

图 2-21　幼儿园的尺度处理（一）

图 2-22　幼儿园的尺度处理（二）

更大，如果尺寸选择不当，过低会使人感到压抑，过高又会使人感到不亲切。其次，不同的空间形状也会使人产生不同的感受，这就要求设计师在空间比例处理方面也应该注意。例如，窄而高的空间会使人产生向上的感觉，西方高耸的教堂就是利用它来使人形成宗教的神秘感的；而低而宽的空间会使人产生侧向延伸的感觉，可以用来营造开阔、博大的气氛。

形式美的规律以及与形式没有关联的若干基本范畴——主从、均衡、韵律、比例、尺度，可以作为我们在室内设计过程中的一些原则和依据，但不能代替我们的创作。正如语言文学中的文法，它可以使话语表达通顺而不犯错误，但不能认为只要语言通顺就自然具有了艺术表现力。在具有形式美的基础上，我们还需要通过艺术形象来唤起人们思想上的共鸣，所谓"触物生情""寓情于景"就是这个意思。

如果形式美的规律应用不得当，往往使我们的设计显得杂乱无章，而找不到头绪。德国建筑师约迪克在《设计方法论》一书中，对设计创造的合理性提出了几条原则：恰当性，合理运用需要的技术手段；分寸性，造型带有必然性，增之太多，减之将太少；统一性，不同的因素综合为一体，要注意多样统一；深刻性，寓强烈的自觉性于造型之中；整体性，统一而不是多个因素之和；一致性，空间、形式、意义、实用和结构的一致；个性，造型是有印记、独特的；韵律，程序、组织，决定性的比例关系。

约迪克提出的这些设计准则对我们把握室内设计的创作有着重要的指导意义。例如，恰当性是指建筑室内空间是容纳人类各种活动的容器，因此，室内设计的目的就是通过设计促进人的活动行为发生；统一性即指室内构造的处理必须符合"多样统一"这一形式美的法则；分寸性即比例得当，层次井然，造型元素注重视觉上对称、错落、对比的变化；一致性是指构成空间形式的各种材质都有各自的性格和生命，应该创造不断变化、互换虚实的空间关系，充分发挥形体、材质、色彩的表现力。

第三节　室内设计与人体工程学

人体工程学（Human Engineering），也称人类工程学、人体工学或工效学（Ergonomics）。"Ergonomics"一词在1857年由波兰教授雅斯特莱鲍夫斯基提出，它源于希腊文"Ergos"（即"工作、劳动"）和"nomos"（即"规律、效果"），意思是探讨人们劳动、工作效果、效能的规律性。

据文献记载，早在20世纪初，英国的泰罗就设计了一套研究工人操作的方法，即研究工人怎样操作能够省力、高效，并进一步制定相应的操作制度，人称泰罗制，这可以称得上是人体工程学的始祖。在第一次世界大战期间，英国针对生产任务紧张、工人疲劳、工作效率降低等现象，成立了疲劳研究所，进行了有针对性的研究。第二次世界大战中的军事科学技术，开始运用人体工程学的原理和方法研究在坦克、飞机的内舱设计中，使人在舱内有效地操作和战斗，并尽可能使人长时间地在小空间内减少疲劳，即处理好人—机—环境的协调关系。第二次世界大战后，各国把人体工程学的实践和研究成果，迅速有效地运用到空间技术、工业生产、建筑及室内设计中，并于1960年创建了国际人类工效学学会。

我国的人体工程学研究起步较晚，目前处于发展阶段。1989年成立了中国人类工效学学会，下设安全与环境专业学会，1991年1月成为国际人类工效学学会的正式会员。

社会发展正向后工业社会、信息社会过渡，人们更加重视"以人为本"，为人服务。人体工程学强调从人自身出发，在以人为主体的前提下研究人们衣、食、住、行以及在一切生活、生产活动中运用综合分析的新思路。

办公家具设计：离不开的人体工程学

早期的人体工程学主要研究人和工程机械的关系，即人—机关系。其内容主要包括人体结构尺寸、操作装置、控制盘的视觉显示及其相关的生理学、人体解剖学和人体测量学等；进一步研究人与环境的相互作用，即人—环境的关系。人体工程学联系到室内设计，其含义为以人为主体，运用人体计测、生理计测、心理计测等手段，研究人体结构功能、心理、力学等方面与室内环境之间的合理协调关系，以满足人的身心活动要求，获得最佳的使用效能，其目标应是安全、健康、高效能和舒适。

人体工程学与有关学科的研究内容仍在发展，并不统一，由于各学科的研究领域不同，故差异较大，概括起来主要有以下 4 个方面：

（1）生理学。研究人的感觉系统、血液循环系统、运动系统等基本知识。

（2）心理学。研究感觉与知觉领域、私密性、向光性等概念。

（3）人体测量学。研究人体特征、人体结构尺寸和功能尺寸及其在工程设计中的应用等知识。

（4）环境心理学。研究人和环境的交互作用、刺激与效应、信息的传递与反馈、环境行为特征和规律等知识。

作为介绍室内设计基础理论的教材，本书仅简要介绍与室内设计相关的人体工程学的基本知识，提供一些关于室内设计的创作及评价的理论依据和方式、方法。

一、人体测量学与室内设计

人体测量学是通过测量人体各部位尺寸来确定个人之间以及群体之间在人体尺寸上的差别的一门学科。

人体测量学是一门新兴学科，同时也是人体工程学最基本的分支学科之一。设计师对于人体尺度在建筑方面的影响关注较早。早在公元前 1 世纪，古罗马建筑师维特鲁威就从建筑学的角度对人体尺度做了较为详尽的论述。古希腊建筑也以人体尺度作为建筑设计的标准。在文艺复兴时期，达·芬奇创作的人体比例图被不断引用和说明。到 20 世纪 40 年代，对于人体尺度方面的研究有了进一步发展。

1. 人体测量基础数据

人体测量基础数据主要包括人体构造尺寸、人体功能尺寸的有关数据。

（1）人体构造尺寸。人体构造尺寸也称人体结构尺寸，主要是指人体的静态尺寸，包括头、躯干、四肢等在标准状态下测得的尺寸。在室内设计中应用最多的人体构造尺寸有身高、坐高、臀部至膝部长度、臀部宽度、膝盖高度、大腿厚度等（图 2-23 和图 2-24）。

（2）人体功能尺寸。人体功能尺寸是指人体的动态尺寸，这是人体活动时所测得的尺寸。由于行为目的的不同，人体活动状态不同，因此测得的各功能尺寸也不同。人们在室内各种工作和生活活动范围的大小是确定室内空间尺度的重要依据因素之一。以各种计测方法测定的功能尺寸，是人体工程学研究的基础数据。如果说人体构造尺寸是静态、相对固定的数据，人体功能尺寸则是动态的，其动态尺度与活动情景状态有关（图 2-25 至图 2-28）。

室内设计时对人体尺度具体数据的选用，应考虑在不同空间与围护的状态下，人们动作和活动的安全，以及对大多数人的适宜尺寸，并强调以安全为前提。例如门洞高度、楼梯通行净高、栏杆扶手高度等，应取男性人体高度的上限，并适当加上人体动态时的余量进行设计；踏步高度、上搁板或挂钩高度等，应按女性人体的平均高度进行设计。

2. 人体生理计测

人体生理计测是指根据人体在进行各种活动时，有关生理状态变化的情况，通过计测手段，予以客观、科学的测定，以分析人在活动时的能量和负荷大小。

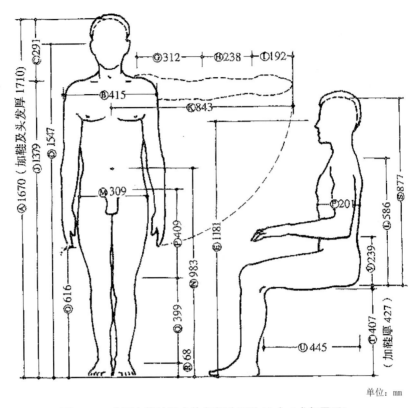

单位：mm

图 2-23　中国中部地区人体各部分平均尺寸（成年男子）

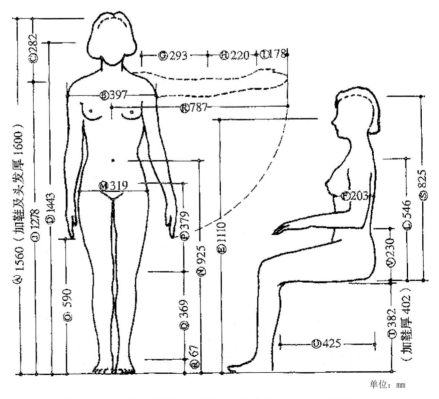

单位：mm

图 2-24　中国中部地区人体各部分平均尺寸（成年女子）

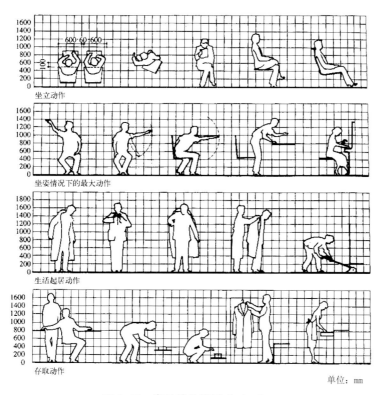

图 2-25　常见动作域尺寸（一）

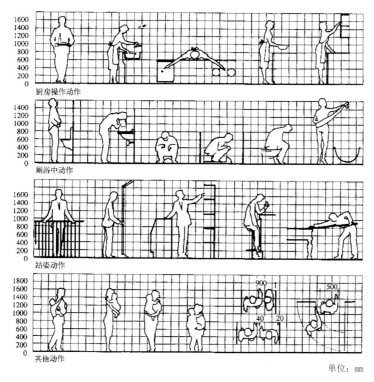

图 2-26　常见动作域尺寸（二）

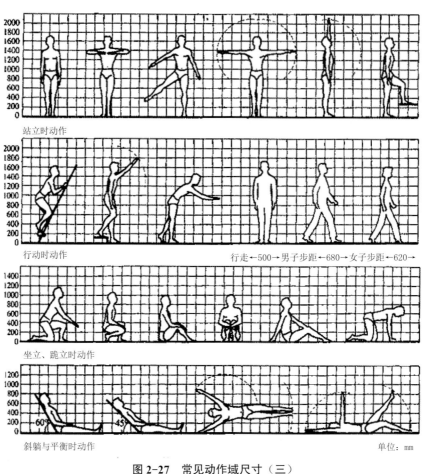

站立时动作

行动时动作　　　　　　　　　行走←500→男子步距←680→女子步距←620→

坐立、跪立时动作

斜躺与平衡时动作　　　　　　　　　　　　　　　　　　　　　　　单位：mm

图 2-27　常见动作域尺寸（三）

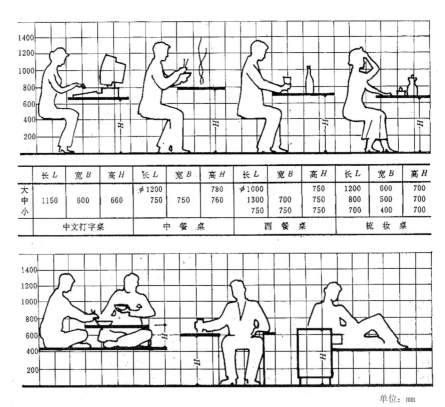

	长 L	宽 B	高 H	长 L	宽 B	高 H	长 L	宽 B	高 H	长 L	宽 B	高 H
大				φ1200		780	φ1000		750	1200	600	700
中	1150	600	660	750	750	760	1300	700	750	800	500	700
小							750	750	750	700	400	700
	中文打字桌			中餐桌			西餐桌			梳妆桌		

单位：mm

图 2-28　常见动作域尺寸（四）

人体生理计测的方法主要有以下 3 种。

（1）肌电图方法。把人体活动时肌肉张缩的状态以电流图记录，从而可以定量地确定人体做该项活动时的强度和负荷。

（2）能量代谢率方法。把人体活动消耗能量而相应引起的耗氧量值，与平时耗氧量相比，以此测定活动状态的强度。不同活动的能量代谢率（RMR）计算公式如下：

$$能量代谢率 = （运动时氧耗量 - 安静时氧耗量）÷ 基础代谢率耗氧量$$

（3）精神反射电流方法。对人体因活动而排出的汗液量做电流测定，从而定量地了解外界精神因素的强度，据此确定人体活动时的负荷大小。

3. 人体心理计测

人体心理计测采用的方法有精神物理学测量法及尺度法等。

（1）精神物理学测量法。用物理学的方法，测定人体神经的最小刺激量，以及感觉刺激量的最小差异。

（2）尺度法。依顺序在心理学中划分量度，例如在一条直线上划分线段，依顺序标定评语。可由专家或一般人相应地对美丑、新旧、优劣进行评测。

二、环境心理学与室内设计

环境即"周围的境况"，相对于人而言，环境可以说是围绕着人们，并对人们的行为产生一定影响的外界事物。环境本身具有一定的秩序、模式和结构，可以认为环境是一系列有关的多种元素和人的关系的综合。人们既可以使外界事物产生变化，而这些变化了的事物，又反过来对作为行为主体的人产生影响。例如人们设计创造了简洁、明亮、高雅、有序的办公室内环境，相应地环境也能使在这一氛围中工作的人们有良好的心理感受，能诱导人们更为文明、更为有效地进行工作。心理学则是"研究认识、情感、意志等心理过程和能力、性格等心理特征"的学科。

不少建筑师很自信，以为建筑将决定人的行为，但他们往往忽视人工环境会给人们带来什么样的损害，也很少考虑到什么样的环境适合人类的生存与活动。以往心理学的注意力仅仅放在解释人类的行为上，对于环境与人类的关系未加重视。环境心理学则是以心理学的方法对环境进行探讨，即在人与环境之间，"以人为本"，从人的心理特征来考虑、研究问题，从而使我们对人与环境的关系、对营造室内人工环境，具有更为深刻的新认识。

1. 环境心理学的含义

环境心理学是研究环境与人的行为之间相互关系的学科，它着重从心理学和行为的角度，探讨人与环境的最优化，即怎样的环境是最符合人们心愿的。

环境心理学是一门新兴的综合性学科，环境心理学与多门学科，如医学、心理学、环境保护学、社会学、人体工程学、人类学、生态学以及城市规划学、建筑学、室内环境学等学科关系密切。

环境心理学非常重视生活于人工环境中人们的心理倾向，将选择环境与创建环境相结合，着重研究下列问题：

（1）环境和行为的关系。

（2）怎样进行环境的认知。

（3）环境和空间的利用。

（4）怎样感知和评价环境。

（5）在已有环境中人的行为和感觉。

对室内设计来说，上述各项问题的基本点是组织空间，设计好界面、色彩和光照，处理好室内环境，使之符合人们的心愿。

2. 室内环境中人的心理与行为

人在室内环境中，其心理与行为尽管有个体差异，但从总体上分析仍然具有共性，仍然具有以相同或类似的方式做出反应的特点，这也正是我们进行设计的基础。

室内环境中人们的心理与行为主要有以下几方面：

（1）领域性与人际距离。领域性原是动物在环境中取得食物、繁衍生息等的一种适应生存环境的行为方式。人与动物毕竟在语言表达、理性思考、意志决策与社会性等方面有本质的区别，但人在室内环境中，也总是力求其生活、生产活动不被外界干扰或妨碍。不同的活动有其必需的生理和心理范围与领域，人们不希望轻易地被外来的人与物所打扰。

室内环境中个人空间常需与人际交流、接触时所需的距离结合起来考虑。人际接触根据不同的接触对象和不同的场合，实际上在距离上存在差异。赫尔以动物的环境和行为的研究经验为基础，提出了人际距离的概念，根据人际关系的密切程度、行为特征确定人际距离，分为密切距离、人体距离、社会距离、公众距离。

每类距离根据不同的行为性质可再分为接近相与远方相。例如，在密切距离中，亲密、对对方有可嗅觉和辐射热感觉为接近相；可与对方接触握手为远方相。当然由于不同民族、宗教信仰、性别、职业和文化程度等因素，人际距离也会有所不同。

（2）私密性与尽端趋向。如果说领域性主要在于空间范围，则私密性更涉及在相应空间范围内包括视线、声音等方面在内的隔绝要求。私密性在居住类室内空间中要求更为突出。

日常生活中人们还会非常明显地观察到，集体宿舍里先进入宿舍的人，如果允许自己挑选床位，他们总愿意挑选在房间尽端的床铺，可能是由于生活、就寝相对较少受干扰。同样情况也见于就餐人对餐厅中餐桌座位的挑选，相对的人们最不愿意选择近门处及人流频繁通过处的座位，餐厅中靠墙座位的设置，由于在室内空间中形成更多的"尽端"，也就更符合散客就餐时"尽端趋向"的心理要求。

（3）依托的安全感。生活活动在室内空间的人们，从心理感受来说，并不是越开阔、越宽广越好，人们通常在大型室内空间中更愿意有可"依托"的物体。

在火车站和地铁车站的候车厅或站台上，人们并不较多地停留在最容易上车的地方，而是愿意待在柱子边，人群相对更多地汇集在厅内、站台上的柱子附近，适当地与人流通道保持距离。在柱边人们感到有"依托"，更具安全感。

（4）从众与趋光心理。从一些公共场所内发生的非常事故中可观察到，紧急情况时人们往往会盲目跟从人群中领头几个急速跑动的人，而不管其去向是不是安全疏散口。当有火警或烟雾开始弥漫时，人们无心注视标志及文字的内容，甚至对此缺乏信赖，往往是凭直觉跟着领头的几个人跑动，以致形成整个人群的流向。上述情况即属从众心理。同时，人们在室内空间中流动时，具有从暗处往较明亮处流动的趋向，紧急情况时语言引导会优于文字引导。

上述心理和行为现象提示设计者在创造公共场所室内环境时，首先应注意空间与照明等的导向，标志与文字的引导固然也很重要，但从紧急情况时人们的心理与行为来看，对空间、照明、音响等需予以高度重视。

（5）空间形状的心理感受。由各个界面围合而成的室内空间，其形状特征常会使活动于其中的人们产生不同的心理感受。著名建筑师贝聿铭先生曾对他的作品——具有三角形斜向空间的华盛顿艺术馆新馆有很好的论述，他认为三角形、多灭点的斜向空间常给人以动态和富有变化的心理感受。

3. 环境心理学在室内设计中的应用

环境心理学的原理在室内设计中的应用面极广，主要有以下3个方面：

（1）室内环境设计应符合人们的行为模式和心理特征。例如现代大型商场的室内设计使顾客的购物行为已从单一的购物发展为购物—游览—休闲—获取信息—接受服务等行为。购物要求尽可能接近商品，亲手挑选和比较，由此自选及开架布局结合茶座、游乐、托儿等服务的商场应运而生。

（2）认知环境和心理行为模式对组织室内空间的提示。从环境中接受初始刺激的是感觉器官，评价环境或做出相应行为反应判断的是大脑，因此，"可以说对环境的认知是由感觉器官和大脑一起进行工作的"。认知环境结合上述心理行为模式的种种表现，使设计者能够打破以往单纯以使用功能、人体尺度等作为起始设计依据的局面，而有了组织空间、确定尺度范围和形状、选择光照和色调等更为精确的依据。

（3）室内环境设计应考虑使用者的个性与环境的相互关系。环境心理学从总体上既肯定人们对外界环境有相同或类似的反应，也十分重视作为使用者的人的个性对环境设计提出的要求，充分理解使用者的行为、个性，并在塑造环境时予以充分尊重，但也可以适当利用环境对人行为的"引导"、对人个性的影响，甚至一定程度上的"制约"，这需在设计中辩证地掌握合理的分寸。

三、人体工程学在室内设计中的应用

由于人体工程学是一门新兴的学科，所以人体工程学在室内环境设计中应用的深度和广度有待进一步认真开发。目前人体工程学在室内设计中的应用主要包括以下 4 个方面：

（1）确定人和人际在室内活动所需空间的主要依据。根据人体工程学中的有关计测数据，从人的尺度、动作域、心理空间以及人际交往的空间等角度来确定空间范围。

（2）确定家具、设施的形体、尺度及其使用范围的主要依据。家具、设施为人所使用，因此它们的形体、尺度必须以人体尺度为主要依据；同时，人们为了使用这些家具和设施，其周围必须留有活动和使用的最小余地，这些要求都由人体工程学科学地予以满足。室内空间越小，停留时间越长，对形体尺度及使用范围的要求就越高，例如车厢、船舱、机舱等交通工具内部空间的设计。

（3）提供适应人体的室内物理环境的最佳参数。室内物理环境主要有室内热环境、声环境、光环境、重力环境、辐射环境等，有了上述环境的科学参数后，在设计时就能做出较为正确的决策。

（4）对视觉要素的计测为室内视觉环境设计提供科学依据。人眼的视力、视野、光觉、色觉是视觉的基本要素，人体工程学通过计测得到的数据，为室内光照设计、室内色彩设计、确定视觉最佳区域等提供了科学依据。

◉ 思考与实训

1. 简述室内设计的形式美法则。
2. 收集资料，试分析身边的室内设计产品包含的人体工程学原理。

第三章 | 室内设计的图解表达

学习目标

了解图解表达的含义与意义，能够熟练地进行室内设计图解表达。

第一节 设计思维与图解表达

在这里我们需要先了解人类的思维活动模式。一般来讲，人类的思维活动通过两种方式进行：一种是语言思维模式，另一种是图像思维模式。这两种方式都依赖于视觉，不同之处在于传递意念时使用的手段和符号。

室内设计属于空间的艺术设计范畴，是一种复杂的充满创造性的思维活动，感性的形象思维占主导地位，这种特定的思维活动充满个性与创造性，变化灵活且极富动态化，绝不是简单重复性的机械化制造。这种思维方式要求设计师对空间形象有敏锐的观察和感受能力，并能借助于图示方法，运用一些有条理的思路和计划性的表述，将空间想象表达出来。这种表达是一种具有逻辑性的推理，是对偶发性创意思维的记载，是对设计过程的一种概略表述。在图解表达过程中，通过手、眼、脑的配合，新的灵感被激发，原有的构思被进一步调整、完善，设计思维逐渐推进。图解表达可以是特定的符号系统，也可以是文字，其最终目的是把设计思维活动的轨迹记录下来，以便进一步论证与深化。图解思维表达是室内设计的基本表达方式，适用于设计的各个阶段。相对于语言思维表达，图解思维表达具有不可比拟的直观、准确、具体、清晰、通用等特点，因此，掌握图解思维表达对于培养设计师的表达能力来说至关重要。

图解思维表达通常采用徒手绘制概念草图的形式。所谓概念草图，是为分析、思考、讨论和交流涉及的中心问题而绘出的简明的图示。在设计初期，面对功能、形式、技术等诸多方面的复杂问题，室内设计师需要找到一个很好的设计切入点，准确把握设计需要解决的中心问题，并系统化地展开设计过程。此时，设计师的思维是发散和多元的，概念草图恰恰可以很便捷地帮助设计师记忆大量方案信息，也可以直接用来作为各类设计的记录，通过记录的内容与他人沟通和展示自己的构思。概念草图的特点是具有概括性和模糊性。概括，即只对中心问题或整体问题提出解决设想，不涉及细枝末节。模糊，即对问题提出大致的解决思路和方向，并不急于下定论。设计概念草图具有三个层面的作用：一是在设计师自我体验的层面，用来自我发展设计；二是在设计师行内研究的层面，用来提交给设计团队讨论，从而激发思维，拓宽视野；三是在设计师与业主交流的层面，用来向业主表达设计构想，并听取业主的意见。

第二节　室内设计图解表达类型

　　室内设计过程是设计者通过设计方案图把头脑中的空间构思、设计的具体形象、设计过程的层次展示在设计委托方面前。因此设计概念草图的表达便是设计师思想表述的过程，是必备的基本功。设计概念草图的表达类型可以按设计本身问题的特征进行划分。针对设计中不同的问题，应绘制不同类型的草图，以使得图示表达清晰准确，从而便于讨论交流。综合起来主要分为功能和形式两种类型。

　　（1）功能设计的概念草图。室内设计是对建筑物内部的深化设计或二次设计。在很多情况下，原有建筑室内空间的使用性质发生改变，因此产生的功能方面的问题往往是设计的中心问题。因此，功能设计概念草图的绘制者便围绕使用功能展开思考，对平面功能分区、交通流线组织、空间限定方式等方面的问题进行分析。这种类型的草图多采用抽象的设计符号并配合必要的文字等综合形式进行表述。

　　（2）形式设计的概念草图。形式设计概念草图的主要内容是体现室内设计的审美意识，表达空间的艺术创造。由于室内是一个界面围合而成的相对封闭的空间虚体，空间形成构思的着眼点应该放在空间虚体的形态塑造上，同时注意把握由重点的室内设计要素所营造的空间总体艺术气氛。这种草图以徒手的空间透视速写为主，也可以配合立面构图的速写，以表现空间的总体形式（图3-1至图3-10）。

室内手绘效果图欣赏

马克笔技法演示

图3-1　艾弗森美术馆雕塑陈列厅设计草图

图 3-2 昌迪加尔法院概念草图

图 3-3 某宴会厅概念草图

图 3-4 设计草图（一）

图 3-5 设计草图（二）

图 3-6 卧室手绘设计

图 3-7 壁炉手绘设计

图 3-8 壁炉完成效果

图 3-9 厨房手绘设计

设计概念的构思方法一般有两种：一种是用理性的逻辑思维，逐步推理出理想的结果；一种是用感性的直觉思维，直接由灵感得到结果。就像设计是技术和艺术的结合一样，设计过程也往往是理性和感性的结合，既要有严谨的推理和分析，使作品经得起推敲，也要有微妙的直觉和灵感，使作品鲜活有灵气。要把握好这两者之间的平衡，除此之外，恐怕很难给出一个放之四海而皆适用的标准方法。每个设计师都有自己的构思方法，而且，一个设计师在不同时期或面对不同设计任务时，构思方法也有可能完全不同。条条大路通罗马，只要能做出好的设计，任何方法都可以。

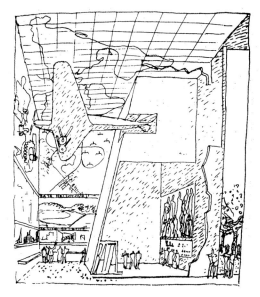

图 3-10　勒·柯布西耶的设计草图

第三节　图解表达的意义

方案设计阶段，设计师运用图解方法对空间形态、功能设施、形态构造、使用方式、技术手段、艺术表现、数据分析和市场论证等众多问题进行逻辑推论和分析思考。图解方法简单快捷，是进行方案推敲最有效的办法，即使在计算机广泛应用的今天，任何计算机辅助方法都无法取代图解表达的地位。总的来说，图解表达具有三个层面的意义。

一、有利于设计分析

在设计构思阶段，设计师需要对大量信息和资料进行分析和筛选，最有效的办法是图解表达，通过徒手绘制各种图形、符号、文字等对室内设计内容的功能、形式、脉络、要求等进行处理、分析，确定其关系，完成设计构思。在这个过程中，包含了理性和感性两个方面，无论是对于理性方面的设计内容的有序化组织，还是对于感性方面的创意发挥，图解表达都是众多设计方法中的最佳选择。

二、有利于交流

交流是指人与人之间的有效对话，在人与人的交流过程中，可以相互获取所需信息，相互沟通，达成共识，解决问题。设计过程中，一方面，设计师需要与同行交流，与设计团队讨论，从而激发思维，拓宽视野；另一方面，设计师需要与设计委托方交流，用以向设计委托方表达设计构想，并听取其意见。

三、有利于自我发展

　　室内设计工作要求设计师具备逻辑分析能力、空间想象能力、抽象思维转化能力等方面的综合素质，因此，图解表达的意义还在于能够加强设计师的自我体验，促进设计能力的进一步加强，有利于设计师的自我发展。

◉ **思考与实训** ⋯⋯⋯⋯⋯⋯⋯⋯⋯⋯⋯⋯⋯⋯⋯⋯⋯⋯⋯⋯⋯⋯⋯⋯⋯⋯⋯◉

　　挑选某一室内空间进行手绘表现训练。

第四章 | 室内光线设计

学习目标

了解光学基础知识，熟悉室内自然采光照明和人工照明的方式，能够顺应室内人工光环境的设计原则进行室内设计。

第一节 光学基础知识

人的正常生活离不开光，光是地球生命的来源之一，也是人类生活的基础。据统计，在人类感官收到外部世界的总信息中，至少 90% 是通过眼睛接收外界光线而获得的。

在室内设计中，光线是人类生产生活所必需的因素，光线的有效利用更能够使室内空间获得良好的氛围，增加空间的艺术性。

一、光的性质

光的本质是一种能引起视觉反应的电磁波，同时也是一种粒子（光子）。光可以在真空、空气、水等透明的介质中传播。本书所讨论的光是指可见光，即人类肉眼所能看到的光，它只是整个电磁波谱的一部分。可见光的波长范围为 380 ~ 780 nm（10^{-9} m）。其波长不同所呈现的颜色也不相同。而波长大于 780 nm 的红外线、无线电波等，以及波长小于 380 nm 的紫外线、X 射线，人眼是感受不到其存在的（图 4-1）。

光色产生原理

波长	780	630	600	570	500	450	430	380	
颜色		红	橙	黄	绿	青	蓝	紫	
频率	3.9	4.8	5.0	5.3	6.0	6.7	7.0	7.5	（×10^{14} Hz）

图 4-1 波长及对应的颜色

根据光源的不同，我们可以将光分为自然光和人造光两种。

所有的光，无论是自然光还是人造光，都具有以下特性：

（1）明暗度。明暗度表示光的强弱，它随光源能量和距离的变化而变化。

（2）方向。只有一个光源时，方向很容易确定。而有多个光源如多云天气的漫射光，方向就难以确定，甚至完全迷失。

（3）色彩。光的色彩随不同的光源和它所穿越的物质的不同而变化。自然光与白炽灯光或电子闪光灯灯光作用下的色彩不同，而且阳光本身的色彩也随大气条件和一天时间的变化而变化。

二、光的几个基本概念

1. 光通量
光源每秒所发出的光量总和即光通量。光通量的单位为流明（lm）。

2. 发光强度
光源所发出的光通量在空间的分布密度叫作发光强度，有时也简称光强，单位是坎德拉（cd）。不同的光源发出的光通量也是不同的。例如，吊在桌面上的一个 100 W 的白炽灯发出 1 250 lm 的光通量，如果用灯罩，光通量在空间的分布情况就会发生变化，桌面上的光通量也相应地产生变化。灯罩使向下的光通量增加，桌面就会变亮。

3. 照度
被照面单位面积上接收的光通量叫作照度，其单位是 lx，或流明每平方米（lm/m²）。光通量和发光强度主要表示光源或发光体发射光的强弱，而照度用来表示被照面上接收光的强弱。照度的大小会影响到人眼对物体的辨别，如室内，若照度为 20 lx 则刚能辨别人脸的轮廓，下棋打牌的照度需 150 lx，看小说约需 250 lx，即 25 W 白炽灯离书 30 ~ 50 cm，书写约需 500 lx，即 40 W 白炽灯离书 30 ~ 50 cm，看电视约需 30 lx，即用一支 3 W 的小灯放在视线之外即可。

4. 亮度
发光表面在指定方向的发光强度与垂直指定方向的发光面的面积之比称亮度，单位是坎德拉每平方米（cd/m²），它表示的是发光面的明亮程度。对于一个漫反射的发光面，其各个方向上的发光强度和发光面是不同的，但是各个方向上的亮度都是相等的。例如电视机的荧光屏就近似于此类漫反射面，从各个方向上看，人眼对其亮度的感觉都相同。

三、材料的光学性质

做好室内的光线设计，除了了解光的基本性质外，还要对装饰材料的光学性质有一定了解。光线经过材料，会发生反射或者透射。不论是透射还是反射，按其光通量经过材料后的变化，一般可以分为两类。

1. 反射材料
（1）定向反射与定向反射材料。经过材料的反射后，若光线分布的立体角无变化，则称为定向反射，这类材料称为反射材料。反射材料遵循光的反射定律，即反射线与入射线分居法线的两侧，且位于入射线与法线所决定的平面内；反射角等于入射角。

镜子和表面发光的金属等材料，表面不透明且较光滑，这类材料就属于反射材料。其特点是在反射方向上可以看见光源清晰的像，但眼睛移动到非反射方向便看不到。根据这一特性，若将定向反射材料置于适当位置，则可使需要增加照度的地方照度增加，但又不会在视线中出现光源的形象。

（2）扩散反射与扩散反射材料。若光线通过材料反射后，向四面八方分布，则称为扩散反射，这类材料称为扩散反射材料。扩散反射可分为如下两类：

①均匀扩散反射与均匀扩散反射材料。反射光均匀地分布在四面八方的反射称为均匀扩散反射。均匀扩散反射的材料，从各个方向上看，其亮度完全相同，且看不见光源的形象。氧化镁、石膏以及粉刷墙等均可视为均匀扩散反射材料。

②定向扩散反射与定向扩散反射材料。在某一反射方向上有最大亮度，而在其他方向上也有一定亮度的反射称为定向扩散反射，具有这种反光特性的材料称为定向扩散反射材料。定向扩散反射实际上是定向反射与扩散反射的综合，其特点是在反射方向上可以看见光源的形象，但轮廓不像定向反射那样清晰；在其他方向上也有亮度，其分布类似于扩散材料，但其强度却并不均匀。表面光滑的纸、表面粗糙的金属以及油漆表面均可视为定向扩散反射材料。

2. 透射材料

光线从材料的一面入射，透过材料，进入另一面的介质传播的现象称为材料的透射，这样的材料称为透射材料。透射光线的性能不仅与材料的厚度有关，而且也与材料的分子结构有关。过厚的玻璃不透光，但极薄的金属膜却能透光就是这个道理。

与反射同样的道理，材料的透射也可分为定向透射与扩散透射两大类。

（1）定向透射与定向透射材料。定向透射就是指透射光方向一致的透射。定向透射的特点是通过这样的透射，可以看到材料另一侧的景物，这样的材料称为定向透射材料。例如普通玻璃，如果玻璃的两个表面彼此平行，则透射光与入射光方向基本一致（材料内部略有小折射），否则，便会因为折射角的不同而使另一侧的景物看不清楚，但透射光强大致不变。若将玻璃的表面刻上各种花纹，使两侧表面不平行，则会使透过玻璃观察的外界形象模糊不清。这样既可以采光，又不至于使室内环境过于通透。

（2）扩散透射与扩散透射材料。扩散透射是指光线射入材料后向四面八方发生透射（透射光的方向不一致）的现象。若从各个方向观察，材料的亮度均相同，这样的透射称为均匀扩散透射。具有这种性能的材料称为均匀扩散透射材料，其亮度与发光强度的分布不均匀。例如乳白色玻璃、半透明塑料均属这类材料。

定向透射方向上具有最大亮度、其他方向上也有亮度的透射被称为定向扩散透射，具有这种性能的材料被称为定向扩散透射材料。其亮度与发光强度透过定向透光材料虽可看见光源的形象，但不清晰，因此常用在需要采光及大致感知光源及外界景物的地方。磨砂玻璃就属于这类材料；光线经过均匀扩散透射材料后各方向的亮度相同，透过它只能看见材料的本色和光源亮度的变化，看不见光源及外界景物的形象，因而常常用作灯罩及发光顶棚的材料，用来降低光源亮度，避免眩光。

第二节　室内自然采光照明

室内照明的设计应尽量采用自然光线。一方面，自然光线的利用能够节约能源，符合可持续发展的要求；另一方面，自然采光在视觉上更符合人类的眼睛结构，室外的景色也能够调节人的紧张情绪，调节人的心理。

自然采光一般结合建筑的采光口进行设计。一个好的建筑师会利用光线来营造内部空间良好的艺术效果。英国著名建筑师诺曼·福斯特曾说过："自然光总是在不停地变化着，这种光可以使建筑富于特征，同时，在空间和光影的相互作用下，我们可以创造出戏剧性的环境。自然的光影是最为丰富的语言和最为动人的表情，是造型表现不可缺少的元素。光和影能给静止的空间增加动感，给无机的空间以色彩，能赋予材料的质感更加动人的表情。"

除此之外，随着科学技术的不断进步，一些技术手段也被利用到室内采光中，例如光导照明技术的应用。

总结起来，按照不同的采光部位和采光形式，室内的自然采光方式有4种。

一、窗采光

　　窗采光是指通过建筑的窗户进行采光，是建筑上最常见的一种采光形式。常见的窗有侧窗、角窗、凸窗等，这种采光形式广泛应用在住宅、办公室、宾馆以及其他公共场所中。通过普通窗户采得的光线，具有方向性强的特点，有利于在室内形成阴影。其缺点是室内的照度不均匀，室内只有部分区域有光照，容易造成其他区域照度不足（图4-2和图4-3）。

图4-2　窗采光获得的室内效果（一）　　　　图4-3　窗采光获得的室内效果（二）

二、墙采光

　　墙采光多指通过玻璃幕墙、落地玻璃等大面积的透明墙体进行采光的形式。玻璃幕墙是指用铝合金或其他金属轧成的空腹型杆件作骨架，以玻璃封闭而成的房屋围护墙。而落地玻璃则是由强度较高的钢化玻璃制成（图4-4和图4-5）。

　　这种采光方式不仅能够大面积地引入自然光线，而且能将室外良好的自然景观融入室内。另外，用来制作幕墙的玻璃，是添加微量的 Fe、Ni、Co、Se 等元素，并经钢化而成的玻璃，具有吸收光线的功能。在强光的照射下，室内仍然使人感觉光线柔和。但相比而言，玻璃幕墙采光造价高，多用于办公楼、火车站等大型公共建筑。

三、顶棚采光

　　顶棚采光是指在建筑顶部，通过天窗或者设置透明装置进行采光。

　　顶棚采光在商场、博物馆以及一些地下建筑中应用较多，其采光形式也分为天窗采光、玻璃顶棚采光等多种形式。一些大的采光口多结合中庭布置，在营造良好的室内空间的同时，使光线得到最大限度的利用。采用这种形式的采光，光线是从房间的顶部照射下来的，其在室内形成的照度分布较均匀。另外，采光口的形式、顶部的遮挡情况等都会影响到室内的采光效果（图4-6和图4-7）。

图 4-4　落地玻璃在建筑中的应用

图 4-6　顶棚采光的形式（一）

图 4-5　大面积玻璃在建筑中的应用

图 4-7　顶棚采光的形式（二）

四、技术辅助采光——光导照明

近年来，随着技术的进步，出现了一种新型的照明方式——光导照明。其基本的原理是利用光导材料的导光性将光线传导进室内，得到由自然光带来的特殊照明效果。与传统的照明方式相比，光导照明具有节能、环保等优点。

光导照明系统最早是由英国蒙诺加特公司在 20 世纪 80 年代末研究开发出来的，一般由采光装置、光导装置、漫射装置组成（图 4-8）。2008 年北京奥运会柔道馆——北京科技大学体育馆就采用了这种技术，在体育馆的内部共安装了 148 个光导管，它们不但能在白天收集室外光线满足室内照明，在晚上也能够将室内的灯光传到建筑表皮，起到美化夜景的作用（图 4-9 至图 4-11）。

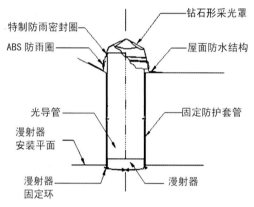

图 4-8　光导管结构示意

图 4-9　北京科技大学体育馆

图 4-10　光导管在北京科技大学体育馆中的应用
（一）

图 4-11　光导管在北京科技大学体育馆中的应用
（二）

第三节　室内人工照明

自然采光受时间、天气的影响较大，故在室内还必须进行人工照明。人工照明也是进行室内设计时最常用的一种照明方式，它不仅能够使室内照度均匀，还能形成一定的视觉效果。

室内人工照明大致可分为工作照明与艺术照明两种。工作照明多从功能方面来考虑，以满足视觉工作要求为主；而艺术照明旨在丰富室内的艺术环境观感。

一、人工光源的类型

人工照明的方式多采用电光源，由于发光条件不同，其光电特性也有所差别。按照光源的不同，我们一般将其分为固体放电光源和气体放电光源两大类。

我们常见的白炽灯、卤钨灯、LED灯等都属于固体放电光源。其原理是利用金属或者半导体材料的发光特性进行照明；荧光灯、钠灯等则属于气体放电光源，其原理是利用某些特定气体原子被电子激发产生的光辐射进行照明。

在进行室内照明时，白炽灯与荧光灯是两种主要的人工光源。白炽灯的价格较为便宜，发出的光线较柔和，可以通过改变电阻器来实现光线的明暗变化。白炽灯尺寸较小，适合做点光源，用来强调室内物体的质地。但是白炽灯的发光效率较低，只有约12%的电能被转化为光，其寿命也相对较短。荧光灯的效率较高，并具有较长的使用寿命。除此之外，我们可以通过改变涂在灯光内壁的荧光粉，控制其输出功率和色彩。荧光灯的外形可分为直管型和异型两种。直管型多用于发光顶棚等。异型荧光灯具有外形紧凑、体积较小、造型美观等优点，故在有些地方已经取代白炽灯作为室内照明的点光源。

目前，LED灯成了室内人工照明的新宠，在室内设计中被广泛应用。LED是英文"Light Emitting Diode"（发光二极管）的缩写，除了在发光过程中不产生热量、能量转换效率接近100%、寿命超长外，还有节能、适用性好、回应时间短、环保、多色发光等优点。当然，LED灯仍然存在价格贵、光衰大等缺点，但是LED灯的内在特征决定了它是代替传统灯的最理想光源，有着广泛的用途和市场前景，随着技术的不断完善，LED灯一定会在室内灯具中成为主导。

二、人工照明的方式

照明方式的选择，会对室内的光照效果产生直接影响，设计师要使最终的光照效果达到设计预想，必须对照明方式有一个明确的了解。按照光线反射情况的不同，照明方式可分为间接照明、半间接照明、直接—间接照明、漫射照明、半直接照明、宽光束直接照明、高集光束直接照明等。

（1）间接照明：把光源遮蔽而产生照明。这种照明把大部分的光线（90%以上）照射到遮蔽物上，经过反射照到室内空间中。当间接照明靠近顶棚时，可以形成无阴影的光照效果，从顶棚射下的光线也会给人造成顶棚升高的错觉。但是，单独使用这种照明方式时，灯光环境会过于平淡，需要与其他照明方式相结合（图4-12）。

（2）半间接照明：这种照明方式把60%～90%的光照射到顶棚等遮蔽物上，其余的部分直接照射到工作面上。这种照明方式所形成的光环境，弱化了向下照射的光，形成的阴影较弱，适合阅读和学习等空间（图4-13）。

（3）直接—间接照明：这种照明方式把一半的光线（40%～60%）照射到遮蔽物上，一半的

图4-12　一家餐厅采用间接照明后的顶棚效果

光线照射到室内环境中。在室内，直接—间接照明提供地面和顶棚相同的亮度，在直接眩光区，其亮度较低（图4-14）。

（4）漫射照明：在这种照明方式下，光线没有遮蔽物，均匀地分布在整个光环境内。在室内，漫射照明所形成的照度在所有方向上都是一致的（图4-15）。

（5）半直接照明：与半间接照明相反，这种照明方式把60%～90%的光照射到工作面，其余的部分直接照射顶棚等遮蔽物。在室内，半直接照明向上照射的光弱化了，由反射所形成的软化阴影也变少了（图4-16）。

（6）宽光束直接照明：这种照明方式把大部分光线（90%以上）直接照射到被照物上。这种照明光线亮度高而且较集中，具有强烈的明暗对比，可造成有趣、生动的阴影。这种照射方式较易形成眩光，造成观者眼部不舒服（图4-17）。

（7）高集束直接照明：这种照明方式同样把大部分的光线（90%以上）直接照射到被照物上。这种照明方式下的光束高度集中形成光聚点，适用于突出光线本身的效果或作为强调照明使用。由于光束过于集中，容易形成眩光和环境照度不足，所以不宜单独使用（图4-18）。

图4-13 家居内的餐厅采用半间接照明后的效果

图4-14 直接—间接照明方式

图4-15 灯柱营造出的室内漫反射效果

图4-16 餐厅内的红色桌面采用了半直接照明的方式

图 4-17 宽光束照明下货架的阴影效果　　图 4-18 高集光束直接照明营造的特殊效果

三、灯具的类型

光源、灯罩以及其附属物共同组成灯具。灯具的选择确定了光源发出的光在空间内的分布，可直接影响到室内的照明效果。灯具种类繁多，按功能用途可分为照明灯具和装饰性灯具；按形式可分为直接型灯具、半直接型灯具、均匀扩散型灯具、半间接型灯具、间接型灯具和直接—间接型灯具；按固定方式可分为吊灯、壁灯、吸顶灯等。

下面着重介绍几种室内设计常用的灯具。

1. 筒灯

筒灯是 20 世纪 20 年代美国开发的产品，其口径较小，多陷入天花板内，外形类似罐头，故称为筒灯。其发光光源多使用白炽灯，也有的使用小型荧光灯和 HID 灯。灯筒可分为可调整型、普通型、球型等，有的可以改变其光照角度，以满足不同的使用要求（图 4-19）。

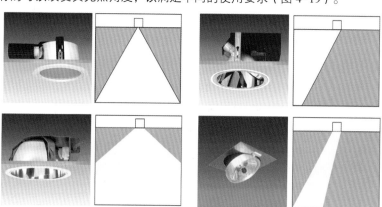

图 4-19 不同类型筒灯照射效果

因为筒灯多安装在天花板内，故其外观效果较为隐蔽。一般用来使室内空间得到均匀的亮度，例

图 4-20　筒灯在室内光线设计中的应用

图 4-21　吊灯在室内光线设计中的应用（一）

如针对室内某处地毯或者餐桌的照明，筒灯可以确保其水平面亮度；筒灯还常用作大面积墙壁的照明灯，营造室内光墙的效果（图 4-20）。

筒灯的安装较为复杂，进行二次修改较困难，所以在进行室内设计时，要先慎重考虑其照度、眩光、外观等因素，再进行安装。

2．吊灯

为提高室内装饰效果，吊灯是必不可少的灯具。

与筒灯不同，吊灯多是从天花板处垂吊下来，装饰性较强，选择不同类型的灯罩会产生不同的空间视觉效果（图 4-21）。一般情况下，吊灯的设置要与家具的设计结合起来。例如在餐桌上方，吊灯的大小要与餐桌的大小相适应，一般大小的餐桌上方安装一盏吊灯，吊灯的大小幅度是餐桌纵向长度的 1/3 到 1/2 为合适。大型的餐桌上方可安装两盏以上的吊灯，沿餐桌纵向长度方向按比例划分盏数，一般以 1/3 以下的幅度较为合适。灯具在餐桌上方的高度以 60 cm 较为合适（图 4-22 和图 4-23）。

3．吸顶灯

顾名思义，吸顶灯多安装在紧靠天花板的位置，具有一定的装饰顶棚的效果（图 4-24

图 4-22　吊灯在室内光线设计中的应用（二）

图 4-23　吊灯在室内光线设计中的应用（三）

和图 4-25）。它对空间的影响较小，在空间高度一定的情况下，吸顶灯比吊灯的效果更含蓄，形成的空间更开阔。吸顶灯的安装直径多为 500 mm 左右，乳白色灯罩的吸顶灯较为普遍。

　　室内灯具可以使用的光源有普通白炽灯、荧光灯、高强度气体放电灯、卤钨灯等。不同光源的吸顶灯具适用的场所各有不同，如普通白炽灯泡、荧光灯的吸顶灯具主要用于居家、教室、办公楼等空间层高为 4 m 左右场所的照明；功率和光源体积较大的高强度气体放电灯主要用于体育场馆、大卖场及厂房等层高在 4 ～ 9 m 场所的照明。

图 4-24　形态各异的吸顶灯（一）

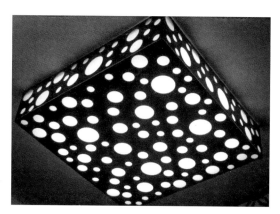

图 4-25　形态各异的吸顶灯（二）

4. 射灯

　　射灯在舞台照明中最为常见。在生活空间中，射灯多安装在天花板或者墙壁上，用于加强或突出被照物的光影效果。实验证明，当射灯的照度达到整体照明的 3 ～ 7 倍时，可以取得较为明显的照明效果；当照度达到整体照明的 10 倍以上时，被照对象就会成为视觉上的焦点。射灯的使用较为灵活，不同的照射方式也会产生不同的效果，如将光束打到某一反光较强的物体上，就会成为室内空间的间接照明；将射灯的光线进行特殊遮挡，光线再投到墙壁上则可在室内产生艺术化的光影效果（图 4-26 和图 4-27）。

图 4-26　射灯在室内设计中的应用（一）

图 4-27　射灯在室内设计中的应用（二）

射灯的安装应突出射灯的光照效果，尽量隐藏灯具，避免喧宾夺主。另外，射灯会产生较强的辐射热能，安装时必须严格遵守厂家对照射面的临界距离的要求。

5. 壁灯

壁灯，即安装在墙壁上的灯具。多用于强调墙壁所属的空间，起到烘托气氛和装饰的作用。壁灯可分为嵌入式和托架式两种。嵌入式壁灯多安装在墙壁内，托架式壁灯多与门窗、绘画、镜子等相关联。

壁灯是最容易映入人们眼帘的灯具。壁灯的安装要特别注意其亮度和高度的确定。当壁灯安装在距离人的视线较近的位置时，要十分注意遮光处理，避免直接看到灯具内的灯泡，防止眩光；要注意安装高度对视觉效果的影响，在进行设计时，要绘制展开图和正视图，防止安装后形成视觉上的不协调感（图4-28至图4-31）。

图 4-28　壁灯（一）

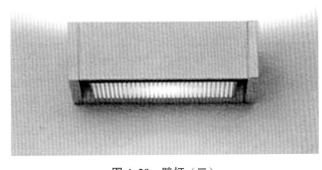

图 4-29　壁灯（二）

图 4-30　壁灯（三）

图 4-31　壁灯及其应用

6. 放置型灯

我们常见的落地灯、台灯等都属于放置型灯。其形态各异，安装和摆放也较为灵活，按其照明形式可分为圆锥形、球形等。放置型灯的选择，要结合整体的空间风格，以起到强化空间艺术效果的作用。例如在一个强调古色古韵的空间设计中，灯罩的形式可以参照灯笼的形制设计；在一个时尚现代风格的公共空间设计中，宜尽量选用造型简洁明快的灯具（图4-32）。

放置型灯多通过电源插座进行供电，安装设计时应注意连接导线的美观与安全。

图4-32　放置型灯在餐厅照明中的应用

四、室内人工光环境的设计原则

1. 满足基本的照度要求

（1）充分的照度。使房间获得充分的照度，以满足人们在生活、工作中的基本要求，这是我们进行光环境设计首先要解决的问题。在室内设计中，一般以照度水平作为照明的数量指标。在实际操作过程中，并非照度越高越好，既要满足使用要求，又要考虑其经济性。一般以假想的工作面的照度为设计参考，站立的工作面以距地面0.90 m计算，坐立的工作面以0.75 m或0.80 m计算。

（2）均匀的照度。室内光照环境设计的目的一方面是使人能清楚地观看事物，另一方面是要给人在视觉上带来舒适感，所以室内各个表面有合适的亮度分布是必要的。在没有特殊要求的情况下，一般的照明要求假定的工作面能够达到均匀的亮度。工作面上的最低照度与水平照度之比不得低于0.7。按照国际照明委员会的建议，工作房间内的交通区域照明的平均照度一般不得小于工作区平均照度的1/3。相邻两个房间的照度差不应超过5倍。

2. 营造舒适的光环境

（1）舒适的亮度比。作为对工作面照度的补充，室内空间各个主要的面都应有适当的亮度，使光线更加符合人眼的特点，在可见的基础上做到更加舒适。在工作房间内，作业面邻近环境的亮度应当低于作业面本身的亮度，但不宜小于作业面亮度的1/3，而作业面更大范围内的平均亮度（包括周围的墙壁、窗户等在内）不宜低于作业面亮度的1/10。

除此之外，还应该特别注意避免眩光的产生。眩光是视野中出现强烈的明暗对比在人眼中所形成的不适应感，严重时能够损伤人的视觉。在实际生活中，最常见的是光幕反射引起的眩光。如在阅读杂志时，如果书页材料的反射性能较好，会使页面的反射性能提高，书页看上去一片闪亮，内容则模糊不清。这种现象被称为光幕反射，是高亮度的光经过反射材料的反射进入人眼而造成的。这时我们可以通过改变光照强度、调整照射角、调整材料的反射性能等措施进行缓解。

（2）合适的投光方式。在布置灯具时，要考虑空间的结构特征、家具、人等各种因素，达到使被照物清晰，空间生动、活泼的目的。要做到这一点，首先要掌握好灯光的投射方式。在投射方向上，首先不能方向性过强，否则容易造成生硬的阴影；也不宜太散漫而使被照物体缺少立体感。这就要求设计师应不断调整灯光的照射方向，调整直射光与漫射光的比例，以得到最佳的灯光效果。

另外，照明方式可用来改变空间的虚实感，如在许多家具的底部设置向上的照明，使物体和地面脱离，形成悬浮的特殊效果。

3. 营造良好的艺术氛围

光线的设计往往结合色彩设计来营造某种艺术氛围。对光色的选择应根据不同气候、环境和建筑的风格、功能来确定。运用色光是取得室内特定情调的有力手段，主要通过人工光源加上滤色片产生。暖色调表现愉悦、温暖、华丽的气氛，冷色调则表现宁静、高雅、清爽的格调。如使用霓虹灯、各种聚光灯的多彩照明，可使室内的气氛生动、活跃；在卧室中用暖色光照明，可使温暖和睦的气氛得到一定的强调；而用青、绿色光照明，在夏季则使人感到舒适凉爽等。另一方面，还要注意光色和室内其他色彩的配合及相互影响。这是因为形成室内空间某种特定气氛的视觉环境色彩，是光色与光照下环境实体显色效应的总和。

除此之外，光和影的处理也是一门艺术。在室内光环境设计中，可以充分利用各种照明装置，在恰当的部位施以匠心独运的创意，形成生动的光影效果，从而丰富空间的内容和层次（图4-33）。

图4-33　灯光营造出的特殊氛围

4. 注意环保节能

在自然资源越来越匮乏的今天，环保与节能也应当体现在室内光照设计中。

利用自然光对于人类是最有益的，所以在进行室内设计时，若有条件进行自然光照明，则尽量采用自然光。另外，随着新技术的不断涌现，我们也提倡采用一些技术照明或者间接照明，使光照资源得到最大的利用。

随着技术的进步，一些光线效果好、发光效率高的灯具不断出现。在灯具的选择中，应尽量选择利用系数高的灯具。另外，也要考虑到灯具的老化与污染、换灯与清洗是否方便等因素。

在照明设计时，针对不同的使用功能，采用区别对待的方式，可以达到节能的目的。例如，在主要的工作区和活动区内，采用灯光集中照明；在交通等次要的区域，则可适当减弱照明的强度。但必须注意的是，照明的节能设计应该以不降低照明的效益为原则，任意削减照明而造成工作效率下降是得不偿失的做法。

◉ 思考与实训 ··· ◉

1. 简述室内自然采光照明的方式。

2. 收集资料或实地调查某一空间的室内设计，分析总结其运用了哪些照明方式。

第五章 | 室内色彩设计

学习目标

　　熟悉色彩的基本知识及色彩的效应，能够遵循室内空间色彩设计的规律进行设计。

第一节 色彩基本知识

　　人们在观察世界时，色彩往往会先入为主，形成认知的第一印象。色彩与光线是营造室内空间气氛的主要手段。色彩会对人的生理、心理、行为等产生一定影响。室内色彩的效果与周围环境的材料质地等因素密不可分。

　　色彩来自光，当光进入人的视网膜时便形成了视觉。我们看到的各种色彩是物体反射的光线所形成的颜色，没有光，色彩便不存在。在进行室内设计时，光线只有结合色彩才能创造出理想的空间效果。

一、色彩及其属性

　　色彩可分为无彩色和有彩色两大类。前者如黑、白、灰，后者如红、黄、蓝等。无彩色有明暗之分，表现为白、黑，也就是我们常说的明度；有彩色的表述就相对复杂，除了明度外，我们一般还用色相、纯度等特征值来描述。

　　色相：表示色彩所呈现出来的相貌，是区别色彩的必要名称，如红、橙、黄、绿、青、蓝、紫等。色相和色彩的强弱及明暗没有关系，只是纯粹表示色彩相貌的差异（图5-1）。

　　明度：色彩的强度，表示的是人眼感觉到的色彩的明暗差别。不同的颜色，反射的光量强弱不一，因而会产生不同程度的明暗（图5-2）。

　　纯度：就是我们所说的饱和度，表示色彩的强弱程度。具体来说，是表明一种颜色中是否含有白或黑的成分。假如某一颜色不含有白或黑的成分便是纯色，纯度最高；如含有白或者黑的成分，它的纯度值就会减小。

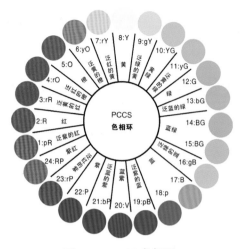

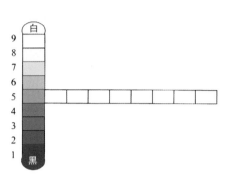

图 5-1 PCCS 色相环   图 5-2 黑白明度色阶

二、色彩体系

色彩体系是为了便于研究和使用而制定形成的一套色彩标准。

目前有三个常用的国际标准色彩体系：美国的蒙塞尔（MUNSELL）、德国的奥斯瓦尔德（OSTWALD）、日本色彩研究所的 PCCS。各国的色彩体系都用到了色立体。色立体虽因发展时间前后不一而形成了其体系的差异性，但大都以色相、明度、纯度三性为基本构架，其间的区别不大。

色相、明度和纯度三属性的纵深组合构成一个立体块，就称为"色立体"或者"色树"。明度为纵轴，纯度为横轴，向上向下或向内向外衍生出各种不同明度、纯度的色彩子孙，组成一个又一个色片家族。色立体的功能很多，就像一本字典，可随时查询、对照和参考。

奥斯瓦尔德色标和蒙塞尔色标的基本原理是相同的（图 5-3）。把在白光下混合所得的明度、色相和彩度组织起来，由下而上排列，使每一横断面上的色标都相同，上横断面上的色标较下横断面上色标的明度高。再以黑、灰、白作为中心轴，自中心向外，使同一圆柱上色标的纯度都相同，外圆柱上的比内圆柱上的纯度高。再从中心轴向外，每一纵断面上色标的色相都相同，使不同纵断面的色相不同的红、橙、黄、绿、青、蓝、紫等自环中心轴依顺时针排列，这样就把数以千计的色标严整地组织起来，形成立体色标。

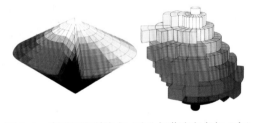

图 5-3 奥斯瓦尔德色标（左）与蒙塞尔色标（右）

PCCS（Practical Color-ordinate System）色彩体系是日本色彩研究所于 1964 年研制的，是一种主要以色彩调和为目的的色彩体系。其最大的特点是将色彩的三属性关系，综合成色相与色调两种观念来构成色调系列。PCCS 色彩体系中将色彩分为 24 个色相、17 个明度色阶和 9 个纯度等级，再将色彩群外观色的基本倾向分为 12 个色调。从色调的观念出发，平面展示了每一个色相的明度关系和纯度关系，从每个色相在色调系列中的位置，明确地分析出色相的明度、纯度的成分含量。

三、色彩与感知

1. 色彩的温度感

实验证明，人们看到红色、橙色等颜色时，会产生温暖的感觉；而看到蓝色、绿色时会产生清凉的感觉。这都取决于我们在日常生活中的感受和经历。例如太阳、火等发出红色、橙色或者黄色的光，让人感觉热；海水和月光呈青和青绿之类的颜色，让人产生凉爽感（图5-4）。

而在色彩学中，人们把不同色相的色彩分为暖色、冷色和中间色三种。红、黄、橙等被划分为暖色；蓝、青等被划分为冷色；紫、绿等则为中间色。

2. 色彩的轻重感

色彩是有轻重感的，不同的色彩给人的轻重感觉不同。例如有人做过这样的实验：将两份同样重的东西分装在两个盒子里，将一个盒子用白纸包，另一个用红纸包，绝大多数的人会认为用红纸包的盒子要重一些。据此，戴尔教授也做过各种实验证明色彩具有"重量"感，并将各种颜色所代表的重量从大到小排列，其顺序为红、蓝、绿、橙、黄、白。

此外，研究还表明，色彩重量感的大小还取决于明度和纯度，明度和纯度较高的色彩给人的感觉较轻；明度和纯度较低的色彩给人较重的感觉（图5-5）。

3. 色彩的尺度感

同样，不同的色彩在尺度上给人的感觉也不同。色彩对尺度的提示受到色相和明度的影

图5-4　淡蓝色的运用突出了环境的清爽感

图5-5　红色的运用体现出构件的金属感与重量感

响。实验证明，较暖的色彩或者明度较高的色彩给人的尺度感较大，即暖色或者具有明度较高的色彩的物体显得较大。另外，生活经验还告诉我们，暖色的明度比冷色的明度高，故暖色更具有扩张感；在黑暗中，高明度的色彩面积看起来比实际面积要大。

另外，不同的色彩也具有不同的凹进或者凸出的效果，同样是暖色系、明度高的色彩具有凸出效果，冷色系、明度低的色彩则具有凹进的效果（图5-6）。一般认为黄、红等颜色属于前进色，感觉比实际空间距离近；蓝、绿等属于后退色，感觉比实际空间距离远。

图5-6　紫色加强了墙面的凹进效果

第二节　色彩的效应

歌德曾说过："一个俏皮的法国人自称，由于夫人把她室内的家具颜色从蓝色改变成了深红色，他对夫人谈话的声调也改变了。"可见，色彩所延伸出来的效应已经超出了色彩本身。色彩不但具有一定的心理与生理效应，更具有深层次的文化意义。色彩的这些效应越来越受到设计师的关注，室内设计结合色彩的效应更加具有象征意味与深刻含义。

一、色彩的心理与生理效应

色彩的心理感受

现代实验心理学表明，当人受到色彩的刺激后，必然产生心理和生理反应。科学家曾对这些本能的反应做过研究，发现了一些色彩与人的反应之间的规律：深红色含蓄、典雅，代表一种高贵气质；淡粉色甜美、芬芳，代表着浪漫；橙黄色让人感觉明快、愉悦，研究表明黄色与乐观紧密相连，能使大脑兴奋；蓝色能使大脑释放荷尔蒙而得到放松；绿色能够消除人的紧张情绪，帮助人们放松精神。这里特别需要指出的是米色和棕色，这两种颜色给人简朴的印象，使它们与自然、有机的事物紧密相连，而且正是这种简单、朴实的印象，使其在商业活动中充满活力（表6-1）。

表 6-1　不同色相对人的心理影响

色相	人的心理反应
红	激情、热烈、喜悦、吉庆、革命、愤怒、焦灼
橙	活泼、欢喜、爽朗、温和、浪漫、成熟、丰收
黄	愉快、健康、明朗、轻快、希望、明快、光明
绿	安静、新鲜、安全、和平、年轻
青	沉静、冷静、冷漠、孤独、空旷
紫	庄严、不安、神秘、严肃、高贵
白	纯洁、朴素、纯粹、清爽、冷酷
灰	平凡、中性、沉着、抑郁
黑	黑暗、肃穆、阴森、忧郁、严峻、不安、压迫

除了颜色的差别外，色彩的三个要素——色相、明度、纯度都会影响人们的感知。另外，在观察色彩时，除了直接受到色彩的视觉刺激外，在思维方面也可能受到以往生活经验、环境事物的影响，进而左右人们的心理情绪。

人眼会对它所长时间注视的色彩产生疲劳，当产生疲劳后人眼会有暂时记录它的补色的趋势。例如，当眼睛注视红色一段时间后，视线移到白色的墙上，就能看到红色的补色——绿色。

研究表明，大脑需要中间灰色，如果缺少了它，人就会觉得不安稳。因此，在室内进行色彩设计时，对纯度高的色彩要慎重，同时要注意灰色的运用，让眼睛能够得到适当休息和平衡，以利于人的身心健康。

二、色彩的文化效应

社会文化、宗教习俗、民族心态、个人经验等都会影响人们对色彩的感知。

古代，色彩文化体现出天人合一的思想。"天有六气、发有五色。"五色是彩色的本原之色，是一切色彩的基本元素。《周礼·考工记》曰："画绩之事，杂五色。东方谓之青，西方谓之白，南方谓之赤，北方谓之黑，天谓之玄，地谓之黄。"在战国时期，五色被认为可与五行、五时、五声、五态相互对应，相互转化，而这里的五气指寒、热、风、燥、湿，五时指冬、夏、春、秋、长夏，由此可见，古人已经把色彩和自然气候联系起来，把它们看作是一个可以相互转换、彼此依存的整体了。

在我国古代，色彩还具有一定的政治意义，颜色成为统治者划分等级的依据，如黄色是封建帝王的代表色，黄色象征着高贵与特权。而到了现代，随着时代的发展与进步，色彩又被赋予新的内涵，例如红色具有革命、热情等意义，绿色、蓝色象征着生命、和平等。

总之，人对色彩感知的特殊性在于人们会在色彩上加入自己的情感，色彩通过人的视觉传达到大脑后，人们会根据自己的喜好进行辨别，并产生一定的联想。

三、色彩的空间效应

将色彩付诸建筑空间，并不仅仅在于美化和装饰，色彩的情感借助于建筑和空间的表达，使人对与其相通的心理和社会文化发生联系，能够引发更深层次的情感沟通。美国肯尼迪图书馆的设计就利用了色彩的这一特性。建筑主体上有一块大面积突出的黑色玻璃幕墙，镶嵌在全白建筑正面上，整座建筑造型独特简洁，反差分明。在这里，色彩是表达抽象情感的一个最佳载体，特殊的色彩抽象符号及空间语序的构成，转化成了可视而明确的符号和情感（图5-7和图5-8）。

图 5-7　肯尼迪图书馆外观

在进行室内空间设计时，色彩的选择能够在很大程度上影响我们对空间和建筑的感知。首先，色彩能够反映出建筑空间的功能和性格。例如白色建筑使人联想到医疗、科研，因为白色令人感到清净、纯洁；淡黄色建筑，充满活力，容易让人联想到学校、幼儿园等。色彩与环境的配合能够加深人们对空间的印象，包括自然环境的协调和人文色彩的传承两个方面。人们会因为色彩联想到周边环境和整个城市风貌，容易形成整体的认知。例如苏州的白墙黑瓦成为老城的一大特色，建筑中对这两种颜色的利用会加深这一印象，使建筑中的光影变化和色彩的应用相得益彰。由于建筑空间的特殊性，相同的色彩结合不同的空间和光影会给人不同的感受。

总之，人在空间中对色彩的感知，是结合空间感知进行的。空间的功能、周边环境和空间的光影变化与色彩是一种相互影响、相互促进的关系。

图 5-8　肯尼迪图书馆室内设计

第三节 室内空间的色彩设计

室内空间色彩设计是室内设计的一个重要部分，它在室内设计中起着改变或者创造某种格调的作用。有研究表明，人进入某个空间最初的印象有 75% 是由色彩带来的，然后才是形体、空间等元素。

室内色彩可以分为三部分：首先是背景色彩，指室内固定的天花板、墙壁、门窗和地板等这些室内大面积的色彩。根据面积原理，这部分色彩适于采用纯度较弱的沉静的颜色，使其充分发挥背景色彩的烘托作用。其次是主体色彩，指那些可以移动的家具和陈设部分的中等面积的色彩组成部分，这些是真正表现主要色彩效果的载体，这部分的设计在整个室内色彩设计中极为重要。最后就是强调色彩，指的是最易发生变化的摆设品部分的小面积色彩，也是最强烈的色彩部分，这部分的处理可根据性格、爱好和环境的需要，起到画龙点睛的作用。

在进行色彩的设计时，除了要满足使用者的要求外，还应遵循 5 点规律。

一、整体协调统一

在室内设计中，色彩的和谐性就如同音乐的节奏与和声。各种色彩相互作用于空间中，和谐与对比是最根本的关系，如何恰如其分地处理这种关系是营造室内空间气氛的关键。色彩的协调意味着色彩三要素——色相、明度和纯度之间的靠近，从而产生一种统一感，但要避免过于平淡、沉闷与单调。因此，色彩的和谐应表现为对比中的和谐、对比中的衬托（其中包括冷暖对比、明暗对比、纯度对比）。

色彩的对比是指色彩明度与纯度的距离疏远。在室内装饰中，过多的对比会给人眼花缭乱和

不安的感觉，甚至带来过分的刺激感。由此可见，协调与对比的关系显得尤为重要。缤纷的色彩给室内空间增添不同的气氛，和谐是控制、完善与加强这种气氛的基本手段，只有认真分析和谐与对比的关系，才能使室内色彩更富于诗般的意境与气氛。

例如在家庭装修中，对色彩的选择要遵循"整体协调，局部对比"的原则，即色彩的整体应用要协调，各个局部的颜色要形成过渡和对比。在设计时，先确定地板、墙面的整体色调感觉，然后在家具等细节上考虑色彩的对比与变化（图 5-9）。

图 5-9 以黄色为主的室内家居设计

二、服从空间功能

室内的色彩设计应满足建筑空间的功能要求。在进行空间的色彩设计时，首先应认真分析每一个空间的使用性质，如儿童居室与起居室、老年人的居室与新婚夫妇的居室，由于使用对象不同或者使用功能有明显区别，空间色彩的设计就必须有所区别。

在室内设计中除了空间划分合理、装饰风格独特、家具陈设舒适以外，色彩也对设计的成功起着重要作用。在室内设计中除了运用空间划分、家具陈设等表现功能的手段外，色彩也可以很好地体现室内功能。设计餐厅时，在餐桌、餐椅能够满足人们进餐的实用功能基础上，如果在餐厅的色

彩选择上，利用橙色等暖色调，灯光也选用柔和的暖光，则能使餐厅充满温暖亲切的气氛，增加人的食欲（图5-10）。在医院的色彩环境中，顶棚、墙面、家具等大多采用白色，白色虽然有洁净之感，但从病人的角度看，容易产生令人精神紧张、视觉疲劳等不良影响。若是在病房的地面、家具、墙壁等处设置一些柔和的绿色或浅蓝色，则可以消除由疾病引起的急躁、烦闷等不良心理反应，有助于病人的健康恢复。

室内功能不同，在色彩选择上也不同，合理的色彩设计应围绕室内功能展开，利用色彩对人生理、心理的影响营造出符合要求的空间环境。特别是公共场所的室内色彩设计，更应考虑到功能对色彩的要求这一关键问题。例如图书馆、办公楼的室内色彩应注重读书与办公的空间功能，选择适宜读书、办公的色彩，白色、浅蓝、浅绿等明亮偏冷的色彩组合，能营造出平静、沉着的

图5-10 以白色调为主的餐厅所营造出的
高雅洁净的用餐环境

气氛；体育馆是个热烈欢快的场所，色彩选择上适宜用鲜艳的暖色，观众的座位及地面可采用橘红色、红色等，使运动员和观众处于兴奋状态，有利于运动员创造好成绩。

三、满足构图需要

室内色彩配置必须符合空间构图原则，充分发挥室内色彩对空间的美化作用，正确处理协调和对比、统一与变化、主体与背景的关系。在室内色彩设计时，首先要定好空间色彩的主色调。主色调在室内气氛中起主导和润色、陪衬、烘托的作用。影响室内主色调的因素很多，主要有室内色彩的明度、纯度和对比度，应处理好它们的统一与变化的关系。有统一而无变化则达不到美的效果，因此，要求在统一的基础上求变化，取得良好的效果。为了取得既统一又有变化的效果，大面积的色块不宜采用过分鲜艳的色彩，小面积的色块可适当提高色彩的明度和纯度。此外，室内色彩设计要体现稳定感、韵律感和节奏感。为了达到空间色彩的稳定，常采用上轻下重的色彩关系。室内色彩的起伏变化，应形成一定的韵律和节奏，注重色彩的规律性，切忌杂乱无章（图5-11和图5-12）。

图5-11 家居设计中不同颜色墙面的使用

图5-12 家居设计中的色彩应用

背景色：多指地面、墙面、顶棚的颜色，在室内空间中占有很大面积，并起到衬托室内物体的作用。

装修色：指门窗、博古架、墙裙、壁柜等的颜色，常和背景色有紧密的联系。

家具色：家具是室内陈设的主题，其色彩是表现室内风格、个性的重要因素（图5-13）。

图 5-13　家具的色彩与墙面色彩呼应

四、结合空间效果

充分利用色彩的物理性能及其产生的心理效应，能够在一定程度上改变空间的尺度与比例，并可以利用色彩的变化进行空间的分隔、渗透，改善空间效果。例如可以利用色彩的变化强调空间设计上需要突出的地方，同样可以削弱不希望被注意的地方。图5-14和图5-15所示的楼梯间内的空间设计，不同颜色的运用既突出了梯段的形态，又使之与其他功能空间相分离。

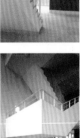

图 5-14　楼梯间的色彩应用（一）　　　　图 5-15　楼梯间的色彩应用（二）

研究表明，颜色亮的房间感觉要大一点，暗的房间感觉要小一点。在进行室内设计时就可以利用这个规律。如在家居空间的设计中，若居室空间过高时，可用近感色减弱空旷感，提高亲切感；墙面过大时，宜采用收缩色；柱子过细时，宜用浅色；柱子过粗时，宜用深色，减弱其笨粗感。对于楼层较低的房间，采光不充分的居室要注意选择亮度较高、颜色适宜的地面材料，尽可能避免使用颜色较暗的材料。面积小的房间地面要选择暗色调的冷色，使人产生面积扩大的感觉；如果选用色彩明亮的暖色地板，就会使空间显得更狭窄，增加压抑感。

五、将自然色彩融入室内空间

　　室内与室外环境的空间是一个整体，室外色彩与室内色彩并非孤立存在，而是有着密切的关系。将自然的色彩引进室内，在室内营造自然气氛，可有效地加深人与自然的亲密关系。自然界的树木、花草、水池、石头等都是装饰点缀室内装饰色彩的一个重要内容，这些自然物的色彩极为丰富，可给人一种轻松愉快的联想，并将人带入轻松自然的空间氛围中。同时，室内自然色彩的应用，也可实现内外空间的相互融合（图 5-16）。

图 5-16　落地玻璃将自然绿色带入了室内

◉ 思考与实训

　　收集室内设计作品实例资料，分析其色彩设计的优点和特色。

第六章　室内建筑元素表现

学习目标

熟悉不同室内建筑元素的设计要点或注意事项，能够遵循不同室内建筑元素的特点进行设计。

空间内的一些建筑元素，如墙壁、顶棚、地面等，相互围合而形成一个空间实体。室内设计要求我们了解这些空间元素，为我所用，以实现建筑外观与室内空间的结合，提升空间品质。

第一节　地面和顶棚

一、地面

作为室内空间的基础面，地面承担着支撑人们室内活动和摆放家具的作用。考虑到人或者家具对其的磨损，地面的耐用性是最重要的一项标准。除此之外，地面还应该易于保养，能够抵抗一定的灰尘、水迹、油渍等的侵害（图6-1）。

图6-1　室内地面设计

按照不同的制作材料，地面可分为石材地面、水泥地面、瓷砖地面、木地面等。

石材地面表面结实、耐久，具有较高的耐用性。室内地面所用石材以花岗岩为主，因为花岗岩相对大理石更加耐磨，并且具有较好的耐碱、耐酸性能。石材地面纹理多样，并且具有丰富的色彩，既有板岩的灰白色和黑色，又有石板的黄褐色、灰棕色和红棕色等。石材地板形状多样，既有正方形，又有各种不规则形状，多应用于办公楼等公共场所空间内（图6-2）。

水泥地面造价较低，其表面应该有一层致密

的密封层，用来防止油渍和污点的侵蚀。其中，水磨石地面是一种特殊类型的水泥地板，是通过人工打磨而制造的石材地板。

　　瓷砖的品种丰富，其色彩、质地也各不相同。从表面状况上可以分为普通瓷砖、抛光瓷砖、仿古瓷砖、防滑瓷砖等。抛光瓷砖是最近几年国内外较流行的新型装饰陶瓷材料，具有坚硬耐磨、抗冻防污、耐酸耐碱、历久弥新的特点，装饰效果可与天然大理石媲美。仿古瓷砖表面粗糙，颜色素雅，有古拙自然之感；防滑瓷砖表面不平，并且具有易清洗、防潮、防污等优点，故多用于厨房等空间内（图6-3）。马赛克瓷砖也是一种特殊的瓷砖，由于其尺寸较小，为了便于施工，在出厂时多拼成较大尺寸的块，并粘贴在牛皮纸上。马赛克瓷砖具有较好的装饰性，可以随意拼贴成多种图案，多用于面积较小，如洗手间等的室内装饰。

图6-2　石材地面与木地面产生的对比效果

图6-3　瓷砖地面

　　木地面多由木地板组成。木地板质地温和，易于维护和更换，是最受人们青睐的一种地板。制作地板的木板通常是窄条形的，也有153 mm宽的软木厚木板，但较为少见。其表面通常会涂刷聚氨酯漆或者有穿透性的封闭底漆，用来加强地板的耐用性，并增强其抗水浸和抗污染的性能。木质地板也可以漆油或者打蜡，但漆过的表面需要更多的保养（图6-4和图6-5）。

图6-4　木地板营造亲切的室内环境

图6-5　室内环境中的木地板

图 6-6　用玻璃营造的特殊效果的地面

另外，橡胶地面、编织地毯地面、玻璃地面等这类特殊的地面也逐渐得到应用。橡胶地面具有一定的弹性和摩擦力，可以选择的颜色较多，并可以在表面做出各种花纹的凹凸形状；编织地毯地面具有质地温和柔软、图案色彩丰富的特点，其原料又分为纯毛、混纺、化纤、草编等，地毯图案的运用要根据室内空间的用途和气氛选择；玻璃地面通常用于地面的局部，例如图 6-6 中的玻璃地面布置在室内的通道处，利用玻璃的通透性，通过灯光、水、观赏鱼等，来营造一种特殊的室内氛围。

地面的设计要考虑使用功能的要求。例如浴室、厨房、实验室等特殊空间内的地面，对防水、防火、耐酸、耐碱等有较高的要求；办公室、居室等空间，由于人们使用频繁，故要求有一定的弹性和较小的导热性能；对于一些楼面，还要考虑声学的要求，减少固体传声的部位，加设隔声层等。地面的图案、划分等可以对空间的功能产生提示的作用，例如在一些需要导向的空间中，并列的图案能够突出序列感，起到提示空间、引导人流的作用。还有在地面的颜色方面，浅色地面有利于改善室内的光照效果，深色地面则会吸收大部分的室内光线。暖的浅色彩对地板有一种提升的效果，而暖的深色彩地面会传达一种安全感。冷的浅色彩显得宽敞，而冷的深色彩则较为厚重。在设计中，应根据色彩和图案的这些特性，结合室内的家具等营造理想的空间效果。

二、顶棚

顶棚，传统叫法为"天花"，高级的称为"藻井"，现在称"天花板"或"吊顶"。从施工的工序上来说，顶棚装修是室内装修工程的第一项工作。从空间效果上来说，顶棚的设置最能够反映空间的形状及其相互关系。

按照外观形式的不同，顶棚一般可分为平滑式、井格式、分层式、浮云式、玻璃顶棚和结构顶棚。平滑式顶棚指顶棚标高基本相同或者没有明显高低变化的顶棚造型；井格式顶棚造型成井字形分格，中国传统的井字形天花就属于此类顶棚；分层式顶棚有高低层次的变化，高低变化明显，造型多呈台阶状；浮云式顶棚又叫悬挂式顶棚，指运用织物等柔性材料采用悬挂等方式而形成的顶棚造型；玻璃顶棚又称采光顶棚，是指运用各种安全玻璃来设计制作的顶棚造型；结构顶棚指把原有建筑结构体系作为室内空间的顶棚造型，较少使用装饰材料和造型变化（图 6-7）。

由于顶棚处与人接触较少，通常情况下只受视觉的支配，因此在造型和选材上相对自由。根据其选用材料的不同，顶棚又可以分为轻钢龙骨石膏板顶棚、石膏板顶棚、夹

图 6-7　某理发店的顶棚采用了结构顶棚的处理手法

板顶棚、异形长条铝扣板顶棚、方形镀漆铝扣板顶棚、彩绘玻璃顶棚等。

　　除了顶棚的用材外，顶棚的设计还要充分考虑造型和尺寸比例的问题，应以人体工程学、美学为依据进行计算。同时，也要考虑室内空间的大小。顶棚造型过大或过小，都容易造成视觉上的不协调，影响整个房间的美观。从高度上来说，顶棚的高度也要参考整个房间的高度、房间的面积形状等因素。例如在家庭装修中，室内净空高度不应少于 2.6 m，再低就会造成空间的压抑，引起不便。在图 6-8 所示的室内设计中，顶棚的处理考虑到了与地面的呼应，再加上色调的统一，使整个室内设计浑然一体。

　　顶棚的处理能够使空间的形状、氛围以及各个部分之间的关系更加明确，从而突出重点，体现设计意图。在图 6-9 所示的顶棚设计中，顶棚的造型考虑到了平面的尺寸以及空间使用情况等因素，并结合灯光的处理，创造出了简洁、明快的顶棚造型。

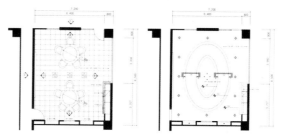

图 6-8　顶棚的形状与地面相呼应　　　　　图 6-9　会议空间内顶棚的处理

　　另外，顶棚还是室内空间照明及灯具布置的主要界面，顶棚灯具的配置会影响到空间的体量感和比例关系。

　　顶棚的设计要考虑空间顶部的梁架、通风口、扬声器等设施，并应该将这些设施纳入设计的范围内。如果能将这些设施合理、巧妙地利用起来，经过一定的加工或者装饰，不仅可以节省空间和投资，还能取得更加良好的艺术效果（图 6-10 和图 6-11）。

图 6-10　国家大剧院音乐厅　　　　　　　图 6-11　国家大剧院音乐厅顶棚

第二节 墙和柱

一、墙

墙壁是顶棚和地面的结合部位，是建筑空间的重要组成元素。它既是建筑的外立面，又是内部

图 6-12 墙体对空间的分隔

私密空间的围合元素。墙的布局形式会影响到空间的组合形式，对室内空间的尺寸、形状和布局产生影响。墙体是另外一种形式的屏障，它把一个空间从另一个空间里隔离出来，并为其中的使用者提供视觉和听觉上的私密性（图 6-12）。

墙可分为内墙和外墙，外墙要与室外环境接触，故多采用独立的壁板、灰泥或者石板饰面，除了承重要求外，还应具有一定的防火、隔热、隔声等性能。内墙则不必考虑气候等因素，其用材较为广泛，形式和布置方式也较为灵活。另外，具有分隔功能的隔断、屏障等室内装修元素也可以看作内墙的一种。

按照装饰材料的不同，墙体可分为抹灰墙面、竹木墙面、石材墙面、瓷砖墙面、裱糊墙面、软包墙面、板材墙面等几种。根据装修做法和工艺的不同，墙面又可以分为抹灰墙面、涂刷墙面、裱糊墙面、镶贴墙面等。抹灰墙面造价较低，并可以做成各种肌理效果，在墙体装饰中应用较多；涂刷墙面色彩的选择余地较大，并且施工方便、易于清洗；裱糊墙面指用壁纸或墙布进行装饰的墙面，其色彩、图案、花纹等都具有很大的选择性，并且更换较为方便，越来越受到人们的欢迎；镶贴墙面是指将装饰材料通过一定的做法镶贴固定于墙体表面，上面所说的石材、瓷砖墙面均属于此类。

在室内整体设计中，墙体一般通过改变色彩、质感和材料，在视觉上与邻近的墙体或者顶棚板区别开来。装饰线是墙体常用的一种装饰手段。一般通过装饰线掩饰结构的交接处或者材料之间的空隙。顶棚顶角线是一种连续的装饰线，是两个相交平面的过渡线。在墙体的底部，由于容易受到人、家具等的碰撞，故要求墙体耐磨损并且易于清洗。

墙体是房间家具和居住者的背景，不同的墙体能够渲染不同的空间环境，给人带来不同的感受。例如浅色的条纹质感墙体能够增加空间的开阔感和韵律感；而当墙面具有某一种特定质感、图案或者色彩时，空间则显得更加活跃并且吸引人的注意（图 6-13 至图 6-15）。

设计师喜欢通过对墙面装饰的处理体现空间的民族特色和时代特征。墙面的装饰风格可以分为三类：一是中国传统风格，多借用传统的建筑符号和一些吉祥图案；二是西方古典风格，多采用古希腊、古罗马的传统建筑符号，也有的模仿巴洛克和洛可可的装饰风格，用雕塑和拱券柱式作为装饰；三是现代风格，没有统一的样式和搭配，多通过色彩、材质的搭配和对比，体现出简约时尚的时代特征。

墙体内或者墙面之间开洞，能够体现出空间的连续性。同时随着洞口的增大，墙体的围合感也开始削弱，视觉的范围也随之变大。通过洞口所看到的景观也是墙体所围护空间的一个组成部分（图 6-16）。如果洞口进一步增大，就演变成由梁和柱所框定的空间。

图 6-13 特殊材质的"墙"

图 6-14 墙面上的装饰

图 6-15 墙面上的各种装饰

图 6-16 墙上开洞

二、柱

柱子，一般由柱础、柱身、柱顶三部分组成，是建筑空间内上下两个面的支撑物，常用于室外的空间中，作为加强建筑立面造型的手段或用来划分广场等空间的格局。柱子使室内空间得以解放，梁柱系统可以创造出体积庞大、开放的室内空间。柱子形成的空间可以自由地分隔、围合或者界定。除了用来区分空间外，柱子本身也具有很好的装饰性，经常被用作强调空间风格的符号。

在古今中外的历史演变中，柱子拥有各种各样的形式。我们在室内设计中最常用到的就是所谓的欧式风格的柱式，即欧洲的古典柱式。欧洲古典柱式最初受古埃及和古希腊柱式的影响，其基本形式在古希腊就已经形成。古希腊柱式主要有多立克柱式、爱奥尼柱式、科林斯柱式三种。到了古罗马时代，又出现了混合柱式和塔什干柱式等新的形式。

（1）多立克柱式：多立克柱式来自古埃及。柱身从下向上到其总高度约三分之一处，粗细不变，然后向柱顶方向逐渐变细。这种处理造成了一种独特的凸曲线，体现出刚毅、庄严、朴实而和谐的男人风度（图 6-17）。

（2）爱奥尼柱式：这种柱式纤细轻巧并富有精致的雕刻。它的柱身较长，也是上细下粗，但无弧度。柱子位于多层富有装饰的柱础上，上面的柱头由装饰带及位于其上的两个相连的大圆形涡卷组成，涡卷上有顶板直接楣梁。爱奥尼柱式给人一种轻松活泼、自由秀丽的女人气质（图6-18）。

图 6-17　多立克柱式柱头　　　　　　　　图 6-18　爱奥尼柱式柱头

（3）科林斯柱式：这种柱式最早出现于雅典奥林匹斯山的宙斯神庙中。其四个侧面都有涡卷形装饰纹样，并围有两排莨苕叶装饰，特别追求精细匀称，形体华丽纤巧（图6-19）。

（4）混合柱式：出现于古罗马时期，是由爱奥尼柱式与科林斯柱式结合而成的一种柱式。

（5）塔什干柱式：又称伊特鲁斯干柱式，是由多立克柱式变粗、变短而演变成的一种柱式。

图 6-19　科林斯柱式柱头

第三节　门和窗

一、门

门是由一个空间进入另一个空间的必经之路，它所限定的室内空间较为独立和私密。作为建筑上的一个必不可少的元素，门多结合墙进行空间的限定（图6-20）。门的形式多种多样，从材料上，门可分为木质门、金属门、玻璃门等；从开启方式上，又可分为平开门、推拉门、折叠门、卷帘门等。

对于室内空间设计来说，房间内应该尽量少安装门，因为门的设置会直接影响到空间的使用，对空间内的活动区域形成干扰。在确定门的位置时，还要考虑周围空间或者通过门洞所看到的景色。当房间要求有视觉上的私密性时，即使门在开着的时候，也不允许视线看到空间内的私人区域。门的合理设计会对室内空间产生积极影响，在图6-21所示的一处单身居室的设计中，推拉门的开闭使空间的形制有了多种变化。

图 6-20　建筑立面上的门

平面图

图 6-21　某居室室内活动门的设计

同时，门也具有一定的装饰性，通过对门套的形态和颜色进行设计，可以突出门的位置，使其成为空间内的视觉焦点（图6-22）。门洞本身可以通过侧门和过梁，或者在视觉上使用色彩和门套来扩大自己。相反，也可以使门框和门套最小化，以缩小门的尺度；也可以将门的外表面处理得和墙体的表面一致，使之成为墙体的一部分。

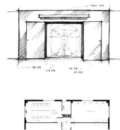

图 6-22　某事务所大门的设计

二、窗

门窗是建筑外墙的开口，承担着室内外或者室内各个空间的过渡的功能。

窗户的大小、形状、位置会影响建筑表面的视觉完整性和围合感。窗户的尺度不仅与其四周的墙面有关系，还与人自身的尺度有关。我们习惯于窗户的高度略高于我们的身高，而窗台的高度则与我们的腰部等高。当一扇大窗户用于在视觉上扩展空间、扩大其轮廓或者作为空间尺度的补充物时，这扇窗户可以分隔成较小的单元，以保持接近人体的尺度感。

窗外的风景是室内空间结构的一部分。它们不仅为室内提供了一个向外的焦点，而且也向我们传达了有关我们所处位置的视觉信息（图 6-23）。在确定房间的大小、形状和位置时，应该考虑通过窗户能够看到什么样的风景，以及当人在室内移动时，这些视觉上的风景是如何变化的。另外，窗户也会暴露一些人们不想看到的景观，这时就应该发挥窗户自身的装饰性。

除此之外，窗户的设置还要考虑到室内通风、采光等功能。窗户的大小与采光量有直接关系，而采得光线的质量由窗户的方向以及它所在的室内位置决定（图 6-24）。

图 6-23　窗以及窗外的风景　　　　　　　图 6-24　窗与室内采光

窗户的设计还会影响家具的摆放，在进行设计时要充分考虑窗与墙的比例关系是否合适。当室内的家具布置要求墙面内不允许设置窗户时，可以考虑用高侧窗或者天窗来代替。另外，窗户射入的光线还会影响家具的使用寿命。

第四节　楼梯

楼梯和台阶是我们进行垂直交通的工具，它连接的是上下两个空间。因为楼梯的特殊功能要求，楼梯在形态上给了设计师很大的发挥余地，深受设计师的喜爱（图 6-25 至图 6-27）。

根据梯段形式，楼梯主要分为直梯、弧梯、折梯、旋梯等。根据其制作材质的不同，楼梯又可以分为普通混凝土楼梯、木梯、钢梯、石梯等。

图 6-25　楼梯形式（一）

图 6-26　楼梯形式（二）

图 6-27　楼梯形式（三）

创意楼梯设计欣赏

一、楼梯的受力与造型设计

楼梯设计中的两个重要的指标是安全性与舒适性，楼梯的踏步与扶手高度都应满足人体的要求，舒适的楼梯台阶高度以 15 cm 为宜，若超过 18 cm，攀登楼梯时就会感觉累；台阶宽度以 27 ~ 30 cm 为宜。

楼梯主要由受力的曲梁、踏步、扶手及栏杆组成，设计师喜欢将这些主要构件有机地连接起来，使其互相受力而设计出各种优美的造型。如木制的旋转梯，每步踏步板的受力在两端。一个受力点在中间柱体上，另一个受力点在盘龙的扶手上，上下受力点整体达到受力及围护两个目的。木制直角形楼梯，踏步板受力点在中间的一根斜梁上，稳定踏步板的力一头传递到墙体上，另一头则传递到扶手上。有些楼梯将踏步悬吊在横梁上，还有一种单梁悬臂踏步楼梯则是将力传递到上下横梁上，这些楼梯设计均是造型和力学优化组合的典范。

二、楼梯的装饰设计

在建筑设计中，楼梯的位置、形式和尺寸等已经基本确定，楼梯的装饰设计主要是对楼梯的踏步、栏杆和扶手进行改造与设计。

（1）踏步。踏步通常在建筑设计中就已经定型。为达到理想的室内效果，许多设计师或业主喜欢将其拆除重装。踏步的面层材料多为水泥、石材、瓷砖、地毯、玻璃和木材（图 6-28）。玻璃踏步大多用磨砂，不全透明，厚度在 10 mm 以上，其形态轻盈剔透，具有较强的感染力，但是玻璃踏步的防水性较差，不够安全；木质踏步质地温和、行走舒适，施工也相对方便，但是其产生的噪声较大，也不利于防火；石材踏板虽然触感生硬且较滑，但装饰效果豪华，易于保养，防潮耐磨，广泛运用于别墅的楼梯造型中。

（2）栏杆和扶手。栏杆和扶手设计的好坏，是评定一个楼梯设计好坏的重要标准，以木质栏杆和铁艺栏杆较为常见。栏杆有时也以栏板的形式出现，其材质多为玻璃或混凝土。栏杆的风格通常有两种：一种是西方古典风格，使用木柱、铁质花饰或欧美建筑中常用的栏板；一种是现代风格，多用简洁明快的玻璃栏板或杆件较少的栏杆，强调其现代感。

在栏杆的选择上，栏杆的形式不但要满足安全要求，还要注意材质组合的协调性与居室设计风格的统一性（图 6-29）。

图 6-28　玻璃踏步　　　　　　　　　　　　　　　图 6-29　楼梯栏杆与扶手

三、楼梯的设计趋势

近年来，楼梯已经被设计师们演变出多种新的形式。总结起来，楼梯的设计思路与方向主要体现在以下 3 个方面：

（1）结合空间，达到空间的最大化利用。楼梯底部的空间较不规则，结合梯段做成储藏隔断是较为常见的做法。如图 6-30 所示，将台阶底部的空间做成书架的形式，使形式与功能得到完美结合。

（2）结合造型，塑造良好的室内景观。楼梯台阶本身具有较强的韵律感，经过设计能够创造出许多不同的造型，这些造型成为室内的亮点，做到了功能与装饰的统一。图 6-31 所示的楼梯，设计为双螺旋的造型，其灵感来源于 DNA 分子模型。如图 6-32 所示，楼梯经过异化，将梯段和墙面、铺地结合，产生了具有强烈视觉冲击力的空间效果。

（3）结合技术，实现楼梯功能的多样化。随着科技的进步，楼梯也被赋予了更多的功能。图 6-33 和图 6-34 所示为蓬皮杜展览中心的音乐楼梯，就是将楼梯的设计结合了声音效果。设计师在楼梯内安装了音乐体验装置，使用者从楼梯向下走的时候便引发此装置而发出音乐声。其目的在于加强行为体验，让人在上下楼梯时获得不同的感受。

图 6-30 台阶底部做成书架

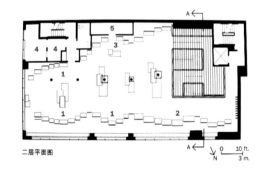

二层平面图

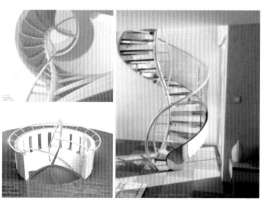

图 6-31 DNA 分子模型楼梯

图 6-32 梯段与墙面、铺地相结合

图 6-33 音乐楼梯（一）　　　　　　图 6-34 音乐楼梯（二）

◎ 思考与实训

绘制不同室内空间界面手绘表现两张。

第七章 | 室内家具与陈设

学习目标

　　熟悉室内家具与植株的种类，能够通过合理布置家具和植株达到预想的设计目的。

　　建筑只为我们的活动提供了一个空间，在日常的生活和工作中，接触和使用最多的还是室内的家具与陈设。

　　家具的使用、选择以及布置方式是室内设计的重要环节。除了满足基本的使用功能要求外，家具和陈设的风格也影响着整个空间的装饰风格。家具陈设在体现风格、凸显空间氛围方面发挥着重要的作用。另外，家具的布置与选择会在一定程度上影响人的心理、行为和活动，通过家具的选择与布置可以改善空间效果，丰富空间层次，以及重新建立室内空间的比例和尺度关系。

第一节　家具陈设的种类

　　家具是人类日常生活和社会活动中使用的，具有坐卧、凭依、储藏、间隔等功能的器具。一般来说，广义的家具是指人类维持正常生活、从事生产实践和开展社会活动必不可少的一类器具。狭义的家具是指在生活、工作或社会实践中供人们坐、卧或支承与贮存物品的一类器具与设备。

　　家具不仅是一种简单的功能物质产品，而且是一种广为普及的大众艺术，它既要具有某些特定的用途，又要满足供人们观赏，使人在接触和使用过程中产生某种审美快感和引发丰富联想的精神需求。因此，家具既是物质产品，又是艺术创作，这便是人们常说的家具的双重特点。

　　从古至今，家具陈设种类繁多，形态各异，其分类方式也各不相同。

一、按使用功能分类

1. 坐卧家具

坐卧家具是以支撑人体为主要功能的家具，也是家具中最古老最基本的类型。家具在历史上经历了由早期席地跪坐的矮型家具到中期的垂足而坐的高型家具的演变过程，这是人类告别动物的基本习惯和生存姿势的一种文明创造，也是家具最基本的哲学内涵。

坐卧家具是与人体接触面最多、使用时间最长、使用功能最广的基本家具类型，造型式样也最多、最丰富。坐卧家具按照使用功能的不同可分为椅凳类、沙发类、床榻类三大类。

2. 桌台家具

桌台家具是与人类工作、学习、生活方式直接发生关系的家具，其高低宽窄的造型必须与坐卧家具配套设计，具有相对严苛的尺寸要求，在使用上可分为桌类家具与几类家具两大类。桌类家具较高，几类家具较矮。桌类有写字台、抽屉桌、会议桌、课桌、餐台、实验台、电脑桌、游戏桌等；几类有茶几、条几、花几、炕几等。

茶几是几类家具中最重要的种类，由于沙发家具在当代家具中占有重要地位，茶几随之成为当代室内家具设计的一个亮点。由于茶几日益成为客厅、大堂、接待室等建筑室内开放空间的视觉焦点，如今的茶几设计正在从传统的实用配角家具变为观赏、装饰的陈设家具，成为一类独特的具有艺术雕塑美感形式的视觉焦点家具。在材质方面，除传统的木材外，玻璃、金属、石材、竹藤的综合运用使现代茶几的造型与风格千变万化，异彩纷呈，美不胜收。

3. 贮存家具

橱柜类家具也被称为贮存家具，在早期家具发展中的箱式家具也属于此类。由于建筑空间和人类生活方式的变化，箱式家具正逐步在现代家具中消亡，其贮存功能被橱柜类家具所取代。贮存家具虽然不与人体发生直接关系，但在尺寸和造型设计上必须适应人体活动的一定范围。在使用上分为橱柜和屏架两大类，在造型上分为封闭式、开放式、综合式三种形式，在类型上分为固定式和移动式两种。法国建筑大师与家具设计大师勒·柯布西耶早在 20 世纪 30 年代就将橱柜家具放在墙内，美国建筑大师赖特也以整体设计的概念，将贮存家具设计成建筑的结合部分，他们的设计可被视为现代贮存家具设计的典范。

室内家具陈设欣赏

现代住宅的音响电视柜正成为家庭住宅客厅、起居室正立面的主要视觉中心点和装饰立面，由于数字化技术的日益普及和流行，CD 碟片架也已成为现代陈列性家具的新品种。同时，电视音响、工艺精品、花瓶名酒、书籍杂志等不同功能的收纳陈列正在日益走向组合化，从而构成了现代住宅的多功能组合柜。

4. 装饰家具

装饰家具主要指屏风、隔断等分隔类家具，它们常常被用来完成对空间的二次划分。屏风与隔断是特别富于装饰性的间隔家具，尤其是中国传统的明清家具，屏风、博古架更是独树一帜，以它精巧的工艺和雅致的造型，使建筑室内空间更加丰富通透，空间的分隔和组织更加多样化。

屏风与隔断对于现代建筑强调开敞性或多元空间的室内设计来说，兼具分隔空间和丰富空间变化的作用。随着现代新材料、新工艺的不断出现，屏风或隔断已经从传统的绘画、工艺、雕屏发展为标准化部件组装、金属、玻璃、塑料、人造板材制造的现代屏风，具有极其独特的视觉效果。

二、按构成材料分类

1. 木质家具

木质家具主要指直接使用木材或者木材的再加工制品制成的家具。木质家具是家具中的主流，具有质轻、高强、纯朴、自然的特点，而且取材较为方便，便于制作。随着新工艺的出现，木质家具几乎可以塑造成各种曲线形状。成品的木质家具具有良好的质感，是目前最受欢迎的家具。

2. 塑料家具

塑料家具是全塑或以塑料为主要原料的家具。塑料重量轻、强度高并且价格较低，有易于加工的特点，可以制作成各种形状，除此之外，塑料家具在色彩方面还具有较大的选择余地。但是塑料家具的耐老化、耐磨性较差，在耐久性方面不如木质家具。

3. 金属家具

金属家具是以金属为主要材料制造的家具。金属材料的强度高，力学性能较好，常作为复合家具的骨架和支撑材料。目前常用的金属材料以钢材、铁、铝合金、铜为主。通过电镀、表面涂饰等手段，能够大大改善金属家具的外观效果。

4. 石材家具

由于石材家具比较笨拙，多用于室内外空间的固定布置。目前石材家具已经不多见。

5. 其他材料的家具

其他材料的家具，常见的有竹藤家具、织物家具以及皮革家具。竹藤家具是利用竹藤材料的坚硬并且富有弹性和韧性的特点，经过弯曲成形、编织等手段而制成的，具有浓郁的自然及乡土气息。织物与皮革家具则多与软垫结合大量使用，其特点是柔软、温暖并具有亲和力。

第二节　家具的样式与风格

家具是人类文明与人类生活实践的产物，它伴随人类文明的发展和社会的进步不断发展。家具艺术也随着历史的发展变迁而不断演变，家具的发展是世界上不同国家、不同历史时期的文化艺术、建筑风格、审美情趣、科学技术和生活方式的综合体现。

一、中国传统家具

明清家具是我国传统家具的突出代表，至今仍深受人们的喜爱。其家具的品种齐全，造型艺术也达到了很高的水平。由于当时海运发达，东南亚一带的木材，如黄花梨、紫檀等输入我国。当时的工艺水平也达到了一定的高度，如雕漆、玉雕、陶瓷、景泰蓝等工艺日趋成熟，这些都为家具陈设在这一时期的发展提供了良好的条件。

明清家具多为木质，也有少量的采用玉石、大理石等。从家具陈设的风格来说，明代的家具形式简洁、构造合理；而清代的家具则趋于华丽，注重雕饰，装饰效果较为明显。明清家具还有一大特点，便是重视家具的使用功能，设计基本符合人体工程学原理，达到了功能与美学的高度统一（图7-1）。

二、古埃及、古希腊、古罗马家具

凳子和椅子是古埃及家具中最常见的形式，多由直线组成，支撑物多模仿动物的脚和腿，座面较宽，靠背则多为矮的正方形或者长方形，其侧面多为内凹或曲线形。多采用几何或者螺旋形植物图案装饰，多用贵重的涂层和各种材料镶嵌。此类家具的特点是用色鲜明且具有一定的象征性。

古希腊家具重视比例，装饰简单朴素。"克立奈"椅较为出名，是最早的椅子形式，有曲面靠背，前后腿呈"八"字形弯曲。

古罗马家具是希腊式样的变体。其特点是厚重，装饰复杂。多采用镶嵌与雕刻等装饰形式，如动物足、狮身人面及带有翅膀的鹰头狮身怪兽，桌子作为陈列品或者用餐时使用的家具，腿脚有小的支撑，在家具中结合了建筑的特征，三腿桌和基座较为常见。

三、欧洲古典家具

欧洲古典家具多受到当时统治贵族的喜好以及大的艺术思潮的影响，像中世纪、文艺复兴时期、巴洛克时期、洛可可时期的家具均带有当时的时代特征。

欧洲哥特样式产生于12—13世纪初，当时的宗教建筑多用竖向排列的柱子和柱间尖形向上的细花格拱形洞口，洞口上部多用火焰形线脚装饰；以卷蔓、螺形等纹样装饰来营造严肃神秘的气氛。哥特风格的家具受到当时哥特式建筑的影响，讲究装饰与造型，比例瘦长、高耸，强调垂直方向的线条，家具的正面多用哥特式尖拱上的花饰、浅浮雕的样式来装饰（图7-2）。

图7-1　明清家具

图7-2　哥特式家具

图7-3　巴洛克式家具

文艺复兴时期，思想的解放和工艺的进步使欧洲家具得到较大的发展。椅子和凳子成为室内必备的家具，陈列柜开始流行，床的设计也受到人们的重视。在意大利，家具制作与建筑装饰有机结合，家具的立面装饰采用建筑中的各种柱式和细部，并结合贴金、雕刻、彩绘等，工艺精细，装饰效果强烈。

巴洛克风格的家具多带有雄伟、夸张、厚重的古典形式，雅致优美且舒适。多采用直线与一些圆弧形曲线相结合和矩形、对称结构，采用橡木、核桃木及某些欧椴和梨木，嵌用斑木、鹅掌楸木等，家具下部有斜撑，结构牢固；家具装饰既有雕刻和镶嵌细工，又有镀金或部分镀金、镶嵌、涂漆和绘画（图7-3）。

洛可可风格的家具娇柔而雅致，符合人体的尺度，设计的重点在曲线上。多采用柔和的织物装饰家具，图案多为曲线、漩涡、贝壳等。

四、现代风格家具

19 世纪末 20 世纪初，新艺术运动摆脱了历史的束缚。各种艺术风格和流派层出不穷。家具的设计也在这个时候发生了划时代的变化。像较早出现的里特维尔德的红黄蓝三色椅、密斯的巴塞罗那椅等，均是现代家具早期的典范（图 7-4 和图 7-5）。

总体来看，现代家具的主要特征是：把功能作为设计的第一要素；采用现代新技术与新材料；充分发挥材料的性能及其构造特点；结构形式简洁，拒绝不必要的装饰；不设置固定模式，注重形式上的不断创新。

图 7-4　红黄蓝三色椅

图 7-5　巴塞罗那椅

第三节　家具的布置原则

一、摆放位置要考虑功能与使用要求

家具的布置首先要考虑人的活动要求，尽可能使路线简捷、方便，不过分迂回、曲折。家具的周围要有足够的面积，以保证人们能够方便地使用。如果把家具布置得过于分散，将室内的面积分成几条或几块，不仅显得凌乱，还会给人的活动和使用家具带来诸多不便。同时，还要注意家具与门、窗、墙、柱以及其他设备的关系。或者靠窗、靠墙，或者集中到一个墙角，或者布置在房间的中央，都要搭配得当，使家具与家具、家具与居室内空间形成一个有机整体。

此外，家具的布置还要满足一定的常规要求。例如居室中的写字台要尽量布置在距离电源插头最近的地方，否则台灯电线过长，容易影响室内美观，用电也不够安全；带穿衣镜的大衣柜、镜子不要正对窗子，以免影响影像效果等。

二、尺寸大小与室内空间要取得良好的比例关系

家具过大会使室内空间显得小而拥挤，过小又会使室内空间过于空旷。局部陈设也是如此，例如沙发的靠垫过大，则沙发就显得小，过小又与沙发不相称。因此我们在进行室内设计时，应综合考虑家具的尺寸与室内空间的关系，注重运用多样、统一的美学原则来达到和谐、统一的效果。

室内家具自身的布置也要匀称、均衡，例如不要把大的、高的家具布置在一边，而把小的、矮的家具紧邻其旁边，这样会带来比例上的失调，引起视觉上的不适。

三、注重色彩材质的搭配

家具色彩起着协调室内色彩的作用。一个房间，在色彩上应有一个主调，一般室内色彩的主调由室内界面色彩（在这里指天花板、墙壁、门窗、地板）决定。若家具在室内空间中所占的比重较大，家具色彩也可以成为室内色彩的主调（图7-6）。在居室的设计中，室内建筑色彩应该与家具色彩相互协调统一，通过色彩搭配呈现出明显的主体色调。室内陈设如窗帘、床上用品、字画、工艺品、家用电器、日用品等的色彩，应当作为室内色彩的点缀，而不能成为室内色彩的主调。

同时，家具色彩的设计与运用应尽可能满足人们在环境中的生理和心理需求。例如卧室的家具宜采用蓝、绿、棕等颜色，不宜用纯度、明度过高，对比强烈的色彩，要利于人脑神经系统的抑制，使之得到充分的休息。餐厅家具宜采用黄、浅橙等颜色，这些色彩能够刺激食欲，促进消化。

另外，室内家具陈设的材质也应该在整体的装修风格影响下统一考虑，形成一个风格协调的整体。在具体的处理手法上，既可以采取对比的方式突出重点，又可以采取调和的方式使家具和陈设之间、陈设与陈设之间取得相互呼应、彼此联系的协调效果（图7-7）。

图7-6　独特的造型与色彩使家具成为室内的亮点　　图7-7　桌椅的色彩体现出了设计师的意图

第四节　室内植株的选择与布置

在室内绿化方面，我国具有悠久的历史传统，最早可以追溯到新石器时代。在浙江余姚河姆渡新石器文化遗址中，就发现了一块刻有盆栽植物花盆的陶块。到 20 世纪六七十年代，室内绿化的重要性逐渐被大众认识和接受，绿色植株不断被引入室内设计中。

室内植株的选择要考虑室内空间的功能要求、植物的生长特性等因素，不可盲目布置。

一、室内植株的分类

室内植株种类繁多，其分类标准也各不相同，为了在室内设计中有效地对植株进行选择，现对几种常见的室内植株做简单介绍。

1. 木本植物

木本植物指具有木质茎的植物，按尺度大小和外观形态又可以分为乔木、灌木；按照观赏性质可以分为观叶植物、观茎植物、观花植物和观果植物。此类植物的根和茎因增粗生长形成大量的木质部。植物体木质部发达，茎坚硬。常见的室内木本植物如下：

（1）印度橡胶树。喜温湿，耐寒，叶密厚而有光泽，常绿。树型高大，3℃以上可越冬，应置于室内明亮处。原产印度、马来西亚等地，现在我国南方已广泛栽培。

（2）垂榕。喜温湿，枝条柔软，叶互生，革质，卵状椭圆形，丛生常绿。自然分枝多，盆栽成灌木状，对光照要求不高，常年置于室内也能生长，5℃以上可越冬。原产印度，我国已有引种。

（3）蒲葵。常绿乔木，性喜温暖，耐阴，耐肥，干粗直，无分枝，叶硕大，呈扇形，叶前半部开裂，形似棕榈。我国广东、福建等地已广泛栽培。

（4）假槟榔。喜温湿，耐阴，有一定耐寒抗旱性，树体高大，干直无分枝，羽状复叶。在我国广东、海南、福建、台湾等地有广泛栽培。

（5）苏铁。名贵的盆栽观赏植物，喜温湿，耐阴，生长异常缓慢，茎高 3 m，需生长 100 年，株精壮、挺拔，叶簇生茎顶，羽状复叶，寿命在 200 年以上。原产我国南方，现各地均有栽培。

（6）诺福克南洋杉。喜阳耐旱，主干挺秀，枝条水平伸展，呈轮状，塔式树形，叶秀繁茂。室内宜放在近窗明亮处。原产澳大利亚。

（7）三药槟榔。喜温湿，耐阴，丛生型小乔木，无分枝，羽状复叶。植株 4 年可达 1.5 ~ 2 m，最高可达 6 m 以上。我国亚热带地区广泛栽培。

（8）棕竹。耐阴，耐湿，耐旱，耐瘠，株丛挺拔翠秀。原产我国、日本，我国南方现已广泛栽培。

（9）金心香龙血树。喜温湿，干直，叶群生，呈披针形，绿色叶片，中央有金黄色宽纵条纹。宜置于室内明亮处，以保证叶色鲜艳，常截成树段种植，长根后上盆，独具风格。原产亚、非热带地区，5℃可越冬，我国已引种并普及。

（10）银线龙血树。喜温湿，耐阴，株低矮，叶群生，呈披针形，绿色叶片上分布有白色纵纹。

（11）象脚丝兰。喜温，耐旱，耐阴，圆柱形茎干，叶密集于茎干上，绿色，呈披针形。截段种植培养。原产墨西哥、危地马拉等地，我国近年开始引种。

（12）山茶花。喜温湿，耐寒，常绿乔木，叶质厚亮，花有红、白、紫或复色，是我国传统名花，花叶俱佳，备受人们喜爱。

（13）鹅掌木。常绿灌木，耐阴，喜湿，多分枝，叶为掌状复叶，一般在室内光照下可正常生长。原产我国南部热带地区及日本等地。

（14）棕榈。常绿乔木，极耐寒、耐阴，圆柱形树干，叶簇生于茎顶，掌状深裂达中下部，花小，黄色，根系浅而须根发达，寿命长，耐烟尘，抗二氧化硫及氟的污染，有吸收有害气体的能力。室内摆设时间，冬季可 1 ～ 2 个月轮换一次，夏季半个月就需要轮换一次。棕榈在我国分布很广。

（15）广玉兰。常绿乔木，喜光，喜温湿，半耐阴，叶长椭圆形，花白色，大而香。室内可放置 1 ～ 2 个月。

（16）海棠。落叶小乔木，喜阳，抗干旱，耐寒，叶互生，花簇生，花红色转粉红。品种有贴梗海棠、垂丝海棠、西府海棠、木瓜海棠，为我国传统名花。可制作成桩景、盆花等观花，宜置于室内光线充足、空气新鲜之处。我国广泛栽种。

（17）桂花。常绿乔木，喜光，耐高温，叶有柄，对生，椭圆形，边缘有细锯齿，革质，深绿色，花黄白或淡黄，花香四溢。树性强健，树龄长。我国各地普遍种植。

（18）栀子。常绿灌木，小乔木，喜光，喜温湿，不耐寒，吸硫，净化大气，叶对生或三枚轮生，花白，香浓郁。宜置于室内光线充足、空气新鲜处。我国中部、南部、长江流域均有分布。

2. 草本植物

草本植物是指具有草质茎的植物，可以分为一两年生植物、宿根植物、球根植物、水生植物等。草本植物和木本植物最显著的区别在于其茎的结构，植物体木质部较不发达甚至不发达，茎多汁，较柔软。常见的室内草本植物有：

（1）龟背竹。多年生草本，喜温湿，半耐阴，耐寒，叶宽厚，羽裂，叶脉间有椭圆形孔洞。在室内一般采光条件下可正常生长。原产墨西哥等地，现在我国已经较为常见。

（2）海芋。多年生草本，喜湿，耐阴，茎粗，叶肥大，四季常绿。在我国南方各地均有培植。

（3）金皇后。多年生草本，耐阴，耐湿，耐旱，叶呈披针形，绿叶面上嵌有黄绿色斑点。原产于非洲及菲律宾等热带地区。

（4）银皇帝。多年生草本，耐湿，耐旱，耐阴，叶呈披针形，暗绿色叶面嵌有银灰色斑块。

（5）广东万年青。喜温湿，耐阴，叶卵圆形，暗绿色。原产我国广东等地。

（6）白掌。多年生草本，观花观叶植物，喜湿，耐阴，叶柄长，叶色由白转绿，夏季抽出长茎，白色苞片，乳黄色花序。原产美洲热带地区，在我国南方地区也有栽植。

（7）火鹤花。喜温湿，叶暗绿色，红色单花顶生，叶丽花美。原产中、南美洲。

（8）菠叶斑马。多年生草本观叶植物，喜光耐旱，绿色叶上有灰白色横纹斑，花红色，花茎有分枝。

（9）金边五彩。多年生观叶植物，喜温，耐湿，耐旱，叶厚亮，绿叶中央镶白色条纹，开花时茎部逐渐泛红。

（10）斑背剑花。喜光耐旱，叶长，叶面呈暗绿色，叶背有紫黑色横条纹，花茎绿色，由中心直立，红色似剑。原产南美洲的圭亚那。

（11）虎尾兰。多年生草本植物，喜温耐旱，叶片多肉质，纵向卷曲成半筒状，黄色边缘上有暗绿横条纹似虎尾巴，称金边虎尾兰。原产美洲热带地区，我国各地普遍栽植。

（12）文竹。多年生草本观叶植物，喜温湿，半耐阴，枝叶细柔，花白色，浆果球状，紫黑色。原产南非，现世界各地均有栽培。

（13）蟆叶秋海棠。多年生草本观叶植物，喜温，耐湿，叶片茂密，有不同花纹图案。原产印度，我国已有栽培。

（14）非洲紫罗兰。草本观花观叶植物，与紫罗兰特征完全不同，株矮小，叶卵圆形，花有红、紫、白等色。我国已有栽培。

（15）白花呆竹草。草木悬垂植物，半耐阴，耐旱，茎半蔓性，叶肉质呈卵形，银白色，中央边缘为暗绿色，叶背紫色，开白花。原产墨西哥，我国近年已引种。

（16）水竹草。草本观叶植物，植株匍匐，绿色叶片上满布黄白色纵向条纹，吊挂观赏。

（17）兰花。多年生草本，喜温湿，耐寒，叶细长，花清香。品种繁多，为我国历史悠久的名花。

（18）吊兰。常绿宿根草本，喜温湿，叶基生，宽线形，花茎细长，花白色。品种多，原产非洲，现我国各地已广泛培植。

（19）水仙。多年生草本，喜温湿，半耐阴，秋种，冬长，春开花，花白色芳香。我国东南沿海地区及西南地区均有栽培。

（20）春羽。多年生常绿草本植物，喜温湿，耐阴，茎短，丛生，宽叶羽状分裂。在室内光线不过于微弱之地均可盆养。原产巴西、巴拉圭等地。

3. 藤本植物

藤本植物指有缠绕茎或攀缘茎的植物，常见的葡萄、牵牛花等均属于此类植物。此类植物体细长，不能直立，只能依附别的植物或支持物，缠绕或攀缘向上生长。常见的室内藤本植物有：

（1）大叶蔓绿绒。蔓性观叶植物，喜温湿，耐阴，叶柄紫红色，节上长期生根，叶戟形，绿色，攀缘观赏。原产美洲热带地区。

（2）黄金葛（绿萝）。蔓性观叶植物，耐阴，耐湿，耐旱，叶互生，长椭圆形，绿色上有黄斑，攀缘观赏。

（3）薜荔。常绿攀缘植物，喜光，贴壁生长。生长快，分枝多。我国已广泛栽培。

（4）绿串珠。蔓性观叶植物，喜温，耐阴，茎蔓柔软，绿色珠形叶，悬垂观赏。

4. 肉质植物

肉质植物指肥厚的茎或叶的一部分组织（贮水组织）或者整个植物体内贮有大量水分的植物。肉质植物一般都有较强的抗旱性，在干旱地区根系发育不良，吸水力也弱，但由于贮水组织中含有充足的水，干旱时则关闭气孔，且角质层非常发达，蒸腾作用较弱，所以可以耐受数月乃至数年的干旱，如仙人掌、龙舌兰等均属于此类植物。常见的有以下 3 种：

（1）彩云阁。多肉类观叶植物，喜温，耐旱，茎干直立，斑纹美丽，宜近窗放置。

（2）仙人掌。多年生肉质植物，喜光，耐旱，品种繁多，茎节有圆柱形、鞭形、球形、长圆形、扇形、蟹叶形等，千姿百态，造型独特，茎叶艳丽，在植物中别具一格。培植养护都很容易。原产墨西哥、阿根廷、巴西等地，我国已有少数品种。

（3）长寿花。多年生肉质观花观叶植物，喜暖，耐旱，叶厚呈银灰色，花细密成簇形，花色有红、紫、黄等，花期甚长。原产马达加斯加，我国早有栽培。

二、室内植株与身体健康

绿色植物具有调节气候、净化空气的作用。植物的光合作用能够吸收室内的二氧化碳，释放氧气，还能够吸附空气中的尘埃。随着计算机、打印机等大量电器的使用，室内的辐射和有害气体防不胜防，某些植物能够消除这些不利的影响。例如有园艺专家建议，在有电磁场辐射的电视、计算机和微波炉等放置的地方适合摆上几盆仙人掌。因为仙人掌类植物肉质厚，所含水分较多，易于吸收和化解周围环境的电磁场辐射。又如垂叶榕是十分有效的室内空气净化器，它可以提高房间的湿度，有益于人的皮肤和呼吸。同时，还可以祛除空气中的甲醛、甲苯、二甲苯、氨气等有毒气体。

室外环境设计
要素——植物

有些植物分泌的物质对人是有害的，因此不是所有的植物都适合放在室内。苋金葛、喜树蕉等植株会在晚上释放出二氧化碳，与在室内的人争夺氧气；夜来香发出的气味，会使室内有高血压和心脏病的人感到不舒服。因此，我们在把植株放置到室内前，要充分了解植株的特性，以免对人的身体健康造成不利影响；同时，也要考虑植物的习性，例如喜阴的植物不要放置于阳台等光照充足的地方（图7-8）。

图7-8　适当的绿化有助于改善室内气候

三、植株布置与空间营造

　　室内植株的布置应该考虑到室内空间效果的营造，例如可以用绿化布置强调空间的虚拟分割或者区域引领功能。同时，不同的空间形态也要考虑不同的植株搭配，植物的形态要与空间相协调。

　　植株可以用作室内空间的分隔与界定，尤其在具有多种使用功能的大空间中最常见。绿色植株的使用能够使各个空间相互独立，又不失开敞、通透。例如一些旅馆大堂、餐厅、大型办公空间，就常利用设置花池、重复排列盆栽植物、采用垂悬植物、种植藤蔓屏障等手段分隔空间（图7-9）。

图7-9　餐厅内利用绿色植物进行空间分隔

连续摆放的植株，还能起到提示空间、引导人流的作用。例如许多建筑会利用绿化联系室内外的空间。常见的做法是将植株沿墙面、顶棚、台阶等延伸排列，以提示空间的延续（图7-10）。

除此之外，在一些建筑的"死角"，如室内墙角、过道尽端或转折处等，摆放植株能够起到丰富空间的作用。这种做法在充分利用空间的同时，也能够避免这些空间的夹角对人们心理造成的不适感。

四、植株形态与室内气氛

植物的自然特性多种多样，其形状、质感、色彩和大小等均有所不同。其形状有圆形、扁圆形、塔形、柱形、棕榈形、下垂形、莲座形、不规则形等；其质感主要由植物的叶、茎、枝等决定，如叶大的植物有粗质感，叶小的植物感觉细腻；色彩则取决于叶、花、果的形态及颜色比例关系。其不同的自然特性给人的感受是不同的，如室内观叶植物以其叶片翠绿奇特，或硕大，或斑驳多彩而别具一格；藤本及悬垂植物以其优美和潇洒的线条和绰约的风姿而使人赏心悦目；观花类植物以其艳丽鲜明的色彩使室内灿烂生辉；盆景类则古朴典雅，富有韵味（图7-11）。

另外，植物还具有一定的社会属性。例如荷花出淤泥而不染，象征廉洁朴素；兰花象征高雅脱俗，友爱情深；松柏象征坚贞不渝等。在室内设计中，植物的社会属性需要结合装饰的风格、情调等因素布置。如盆景只有在中式室内装饰中，或在红木几架、博古架以及中国传统书画的衬托下，才能显示其内涵——中国传统文化和审美情趣的艺术特点和装饰效果。

总之，设计师应该根据这些不同的自然特性与象征意味，选择与空间环境相协调、与空间主题一致的植物。

图7-10 有序排列的绿色植物对空间的引导

图7-11 植物的形态有助于调节室内气氛

◉ 思考与实训 ·· ◉

简要分析你喜爱的某个室内空间的家具陈设。

第八章 | 不同空间的室内设计

了解不同空间类型的划分和特点，能够根据不同空间的特定需求进行具有针对性的室内设计。

第一节 居住空间室内设计

居住空间的设计是一种人类创造和提高自己生存环境质量的活动。人类改变客观世界的能力在不断提高，对居住环境质量的要求也越来越高，居住空间的环境设计也随之越来越丰富多彩。通常情况下，居住空间的体量是根据房间的使用功能要求来确定与划分的，对于一般的居住空间来讲，应根据尺寸进行分区设计（图8-1）。

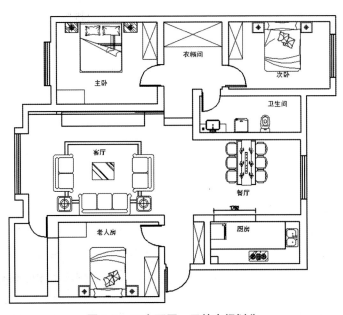

图8-1 三室两厅一卫的空间划分

居住空间，顾名思义以居为先；居以人为先，即居住空间的设计应该以满足人的需求为首要条件。通常把居住空间分为五大部分：起居室、卧室（主卧、次卧、儿童房、客房）、餐厅、厨房、卫生间（主卫、次卫）。在现代住宅生活中，也处处体现着居住的舒适性和人性化，根据人体工程学设计空间与家具就是一个很好的体现。

随着生活水平的提高，居室除了满足"居"的需要外，还要附带一定的学习和休闲功能。书房、玄关（门厅）、客房、休闲室、储藏室、工人房、洗衣房、阳台、走廊等都被充分利用了起来，这些生活场所由于其功能空间的组成条件和家庭追求而各具特点。从发展趋势来看，居住空间的组织越来越灵活自由。建筑提供的空间框架一般厨房和卫生间为固定的，其他功能空间基本为开间结构布局，从而为不同的业主和设计师在根据家庭所需及设计创新中进行组织结构、空间划分、个性展现提供了条件。

进行居住空间室内设计时，设计师应该理论结合实践，把经验用到设计方案中，合理运用材质与色彩的搭配、工程造价的概算、施工图的诠释来完成设计作品。

1. 分析阶段

住宅室内设计是一种以满足个别家庭需要为目标的理性创造行为。因此，设计时应充分把握家庭实质，通过一种精密而冷静的作业程序，从家庭因素和住宅综合条件分析，进行实际空间设计和形式创造。

2. 设计阶段

设计阶段的工作重点是根据分析阶段所得的资料提出各种可行性的设计构想，选出最优方案，或综合数种构想的优点，重新拟定一种新的方案。

平面空间设计以功能为先，立面形式设计以视觉表现为主。

设计方案定稿后，要绘制三视设计图、透视图或制作模型，以加强构思变现，并兼作施工的参考。

小户型空间分隔方法

3. 施工制作阶段

施工制作阶段的工作重点是：根据设计方案，拟定具体制作说明；制作施工进度表；依据施工设计方案购置装潢建材；雇工或发包。

住宅室内施工的一般顺序为：空间重新布局（拆墙、砌墙、隔断、吊顶）；管线布置（水管、电线、电话、电视、音响等布线）；固定家具布局（厨房操作台、书房吊柜、吊顶等）；泥水作业（铺贴地砖、面砖）；木业作业（家具、门套、窗台等）；铺设木地板；油漆作业（墙面涂料、家具门板等上木漆）；安装作业（灯具、五金、设备等）；验收；美化作业（软装饰、陈设、绿化等）。

如发现问题需随时纠正，涉及设计错误和制作困难的，应重新检查方案予以修正。完工后根据合同验收。

在实际方案设计中，设计风格应比较明确——富贵辉煌的欧式风格、经典韵味的中式风格、时尚个性的简约风格、温馨生活的民族风格、活泼生动的田园风格等。每一种风格都应该在设计师的手下表现得淋漓尽致，能够打动使用者。设计师可以通过运用色彩的搭配、内含物的摆放、各种材料的灵活运用来为每个设计方案赋予新的主题。

方案一：新中式风格

本方案以"书香世家"为主题，通过采用中国传统装饰构件及书画元素为形式符号来源，空间界面设计、装饰构件、家具陈设等方面体现中式装饰风格，力求实现"祥瑞温润，翰墨书香"的韵味。玄关处衣橱采用中式窗格元素制作的柜门，配合以传统装饰符号制作的扶手；中式坐凳提供了鞋柜前的临时座椅，装饰以传统中国画，整体氛围协调、大气。通过通透的隔断围合成相对独立的餐厅空间，既能够从视线上得到较为通透的空间感，又能够保证就餐时的相对私密性。起居室中的家具采用中式榻、简洁的硬木家具与有着祥云图案的地毯，形成和谐的搭配；带有层次的方形吊灯丰富了单一的立体空间；四幅中国画组成的屏风将起居室划分为相对独立的空间，形成相对稳定的空间，为会客、娱乐提供舒适的空间氛围。茶室作为交流、会客区域，被设计成相对开敞的空间，以传统博古架为背景，配合以简洁、现代的烛台形吊灯，整体形式既现代又不乏传统风味（图 8-2 至图 8-6）。

图 8-2　门厅区

图 8-3　餐厅及走廊区

图 8-4　茶室区

图 8-5　客厅区

图 8-6 主卧室

方案二：简欧式风格

　　本方案以"古典印象，低调奢华"为主题，除去了古典装饰中过于繁杂的装饰，保留了适当细节。方案中保留了传统风格中的材质、色彩、造型，摒弃了过于复杂的线条、装饰、肌理，在现代简洁的设计中，保留了汉古典主义深厚的文化底蕴。此方案中的玄关以明亮、中性的、含灰的色调为主，保证色彩的稳定性。空间布局上采用将衣橱与鞋柜放置于两侧，鞋柜与座椅对称的形式体现出极强的稳定感。餐厅位于室内中心位置，空间布置较为开阔，通过通透的书架隔断与起居室分隔开来，营造充满人性的亲切和简单却又不失华丽的贵族气息。色彩上竖向界面为深色，顶面与地面采用富有稳定感的色彩体系。匠心独具的灯具选择体现了精致的细节设计，在沉静中彰显华丽风范。在整个客厅空间中，书柜、沙发及线脚造型都遵循着古典主义的设计格调。色彩方案中，以黄、棕红色为主，配合以局部的深褐色，形成稳重、高贵的色彩体系；米黄色的大理石分割整齐，具有强烈的整体感。在这间卧室之中，各处的装修都比较精致，卧室吊顶还进行了特别的修饰，让其看起来视觉效果更好；床头背景墙采用了软包式设计，这样有效地缓解了卧室的冷硬感；卧室的整个设计温馨，浅色调的装修有利于缓解疲劳（图 8-7 至图 8-10）。

图 8-7 玄关

图 8-8 餐厅

图 8-9 客厅

图 8-10 主卧室

第二节 商业空间室内设计

商业空间泛指为人们日常购物等商业活动所提供的各种场所，构成种类繁多。商业空间特性、经营方式、功能要求、行业配置、规模大小及交通组织等不同，均会产生不同的建筑空间形式。从不同的角度出发，商业空间的分类也有不同。商业空间是人类活动空间中最复杂、最多元的空间类别之一，是由人、物及空间三者之间的相对关系构成的。

一、某美发沙龙店的设计方案分析

台北高雄 101 美发沙龙由苏一丁设计，占地 1 500 m²，采用超现代的设计手法，并赋予了美发沙龙一种艺术的美感。设计师采用天花吊顶造型降低了楼层高度，使得室内空间的水平、垂直界面比例达到和谐舒适的程度，并通过斜向动线修正了座位的方位感。整体色调采用黑、白、灰三种基本色彩，而放弃了过于前卫、变化浓烈的色彩体系，只是在灯光的设计上采用了紫红色以丰富视觉变化。设计师特别选取与美发相关的元素加以提炼，将美发元素转化为形式符号，形成最为独特的装饰（图 8-11 至图 8-15 ）。

图 8-11 美发厅入口

图 8-12　美发厅前台

图 8-14　美发厅楼梯间设计

图 8-13　美发厅天花设计

图 8-15　美发厅美发区

二、某特色专卖店的设计方案分析

由 CLS architetti 设计的这个专卖店特点鲜明，采用类似鱼鳍的造型，波纹状轮廓覆盖着空间内的所有墙面与顶面，形成一种富含韵律感的效果。对比和对立的概念一直是项目的环境、空间、材料的核心，项目中采用繁简、疏密的对比手法创造了令人新奇的空间体验效果，结合冷色调的处理，体现出一种寒冷的感觉，对于处于热带地区的胡志明市来说，是一种无与伦比的冰爽之感。波形元素的每个细节都由手工切割制作，然后固定在一起。中心不锈钢造型的"茧"，是来源于当地文化的一种符号，由抛光不锈钢片组成，就像美人鱼的鳞片，是性感和女人味的代名词。"茧"内温暖、舒适、光滑，它的圆顶完全由石膏玫瑰花覆盖，可容纳贵宾室，是一个独特的房间（图 8-16 至图 8-20）。

图 8-16 专卖店波形装饰元素

图 8-17 专卖店自由的交通空间

图 8-18 专卖店波形元素与展示空间的完美结合

图 8-19 专卖店中心"茧"元素呈现出极强的女人味

图 8-20　专卖店色彩与灯光应用

第三节　餐饮空间室内设计

餐饮环境是餐厅、宴会厅、咖啡厅、酒吧及厨房的总称，但在社会多元化的今天，饮食的内容更加丰富、多变。人们对就餐内容的选择不但包含着对就餐环境的选择，更是一种享受、一种体验、一种交流，所有这些都体现在就餐的空间环境中。按其经营内容，一般将餐饮空间分为餐馆和饮食店。餐馆多是接待用餐者零散就餐或宴请宾客的营业性中西餐馆，包括饭店、酒家、酒楼、风味餐厅、快餐厅和西餐厅等，以经营正餐为主。饮食店多以经营冷饮、热饮、咖啡厅、茶馆、酒吧等为主，不经营正餐，多附有小吃和饮料。因此，着意营造吻合人们观念变化所要求的就餐环境，是室内设计把握时代脉搏、促进营销成功的根基。

另一方面，近年来饭店、购物商业街等作为城市设施承担起了地区社会活动载体的作用。而且为能够没有季节差异地招揽顾客，实现经营上的稳定，除了提供餐饮之外，还根据顾客需要增设了其他各种娱乐设施，如将舞厅、桌球室、游艺厅、桑拿房、健身室、室内外游泳池、按摩浴池、网球场、保龄球场等引入饭店或购物商业街，形成了反映时代特色、体现城市商业面貌的餐饮环境（图 8-21）。

酒店商业娱乐空间
设计赏析

图 8-21　装饰风格、材料及造型语言在餐饮空间中的运用

一、酒店空间设计实例分析

项目名称：上海浦东嘉里大酒店

地点：上海浦东

室内设计：美国 KPF 公司和香港凯达柏涛有限公司

建筑设计：美国 KPF 公司和香港凯达柏涛有限公司

面积：92 000 m²

上海浦东嘉里大酒店建筑面积 92 000 平方米，是由美国 KPF 公司和香港凯达柏涛有限公司合作完成的设计项目。酒店总共高 31 层，各种客房及套房的数量达到 574 间，房间面积为 41 平方米，布置时尚现代、井然有序，营造了一个商务和休闲、工作和生活相均衡的环境（图 8-22）。

酒店大堂设计体现了一种非正式的奢华空间体验，这种体验主要来源于简洁现代的设计，带给客人宾至如归的感受。简洁的大理石拼花与木地板结合的地面铺装，划分出交通与等候空间。休息区配合围合的沙发组合与屏风的虚隔断，营造出相对独立的休息空间。大理石铺装的短线条拼花体现出一种运动、节奏感，完美地体现了交通空间的特点。其他方面，褐色的柱子给人以稳定、安全感，而圆弧组合成的球形镂空吊灯，则体现出轻巧、飘逸感（图 8-23）。

图 8-22　上海浦东嘉里大酒店　　　　　　图 8-23　酒店大堂

酒店内打造的三合一餐厅空间，营造了新的概念。The COOK·厨餐厅，内部装饰的主基调围绕古朴厚重与现代时尚元素相融合，餐厅的顶棚设计材料采用可丽耐人造大理石、原木条及定制瓷砖组合而成，各种元素交相呼应，折射出多元化的生活态度，如同摩登上海一样，繁忙而精致（图8-24）。而在 The BREW·酿餐厅，设计师结合空间特点，设计并专门定制了三层不锈钢材料制作的啤酒桶用于店内自制啤酒的存储，与酒吧正中心的靓丽、华丽的多层次玻璃吊灯，营造出了充满变化、舒心放松的视觉效果，体现了无与伦比的酒吧特色。

酒店客房则更多体现了家居环境的舒适感，色调稳重、温馨。色调的把握倾向于中性，不同材料所体现的高级灰色搭配，营造出了高贵、大气的氛围（图 8-25 至图 8-27）。

图 8-24 酒店餐厅

图 8-25 酒店客房

图 8-26 会议厅

图 8-27 宴会厅

二、餐饮空间设计实例分析

项目名称：P*ong Dessert Bar

地点：美国纽约

室内设计：Andre Kikoski Archintect

面积：130 m²

这是 Andre Kikoski Architect 完成的一个酒吧的室内设计，位于纽约。设计的灵感来自厨师出的新书。整个酒吧小而温馨，俏皮的几何形状与感性材料就像是对厨师性格的描绘。在面积不大的空间内，设计师使用了几何形状和一些感性材料来体现室内空间风格，预算也被控制在较低的范围内。流线型的空间形式围绕着餐厅的周围，并划分出多个不同的空间层次。餐厅色调温和多变，在统一的基础上，通过灯光设计，表现出丰富的层次感。桌面采用深色，座椅为白色，在灰色背景上，显得清新、跳跃。通过反光灯槽营造出温馨、安静的感觉，结合吊顶的点光源，满足就餐的用光需求。环绕的餐台顶上的方形天花，暗示出不同空间的分割，结合特意设计的筒灯布置，使得天花富有极强的节奏感、韵律感。室内墙面上采用的镜面，从视觉上增加了餐厅内的空间感，背面反光灯带，体现出较为丰富的变化。

通过材料体现出的空间氛围，结合灯光的合理安排，体现出了一个动态空间，显得亲切、活泼。这个设计的主题最终还是食物，在这样一个有限的空间范围内，营造出了一个饱和、动态、温馨的环境（图 8-28 至图 8-31）。

图 8-28　中心就餐区

图 8-29　灯光与色彩的合理搭配

图 8-30　环形就餐台

图 8-31　餐厅局部

第四节　办公空间室内设计

办公室的主要功能是工作、办公。一个经过设计的人性化办公室，需要考虑的是自动化设备、办公家具、环境、技术、信息和人性这六点因素，将其收集齐备之后才能塑造出一个良好的办公空间。通过"整合"，可以把很多因素合理化、系统化地进行组合，达到所需要的效果。

在办公室中，设计师并不一定要对现代化的计算机、电传、会议设备等科技设施有绝对的了解，但应该对这些设备有基本的认识。因为如果设计师在设计办公室时只重视外在表现的美，而忽略了实用的功能性，将导致丧失办公意义的结果。因此，办公室内环境的总体设计原则应是：突出现代、高效、简洁与人文化的特点，体现自动化，并使办公环境整合统一（图8-32）。

图 8-32　办公空间设计都以满足其使用功能为基础

以下为谷歌工程中心办公空间设计实例分析。

项目名称：谷歌工程中心

地点：瑞士苏黎世

设计师：Stefan Camenzind,Tanya Ruegg–Basheva

建筑设计：Camenzind Evolution

面积：12 000 m²

在瑞士苏黎世一幢非常不起眼的普通建筑里，却运行着世界上最具创意的科技公司。相比普通的公司，谷歌打破因循守旧的装饰风格，营造了一个活力四射、灵感无限的工作环境，在这里，你在感到放松的同时，精力也能够非常集中。谷歌公司文化体现的是注重个性化、创造力和创新能力，非常注重个体的重要性，这一点在谷歌新办公室的设计中便可见一斑。在这个项目中，苏黎世的谷歌员工也参与到新办公室的设计中来，去创造了属于他们个人的工作空间，这种不同员工之间的设计要求包含了一种交互式的透明方法。通过员工代表组成的指导委员会在设计过程中的评审、审批，这些员工的想法为设计师提供了独特的设计创意思路。办公区域围绕一个中心公共区域展开，包含了中、小型开放区，封闭办公室。所有的办公空间通过玻璃进行分割，既保持了良好的通透感，又能降低噪音，保证了工作的私密性。

在谷歌工程中心的公共区域，设计了各种主题性质的空间，包括运动、娱乐、游戏主题，可以满足员工的休闲用途。较为独特的空间是谷歌公司员工用于远程会议系统的视频会议室。设计师通过设置众多非正式会议区，提供小型、中型视频会议系统的空间。在这种具有主题的办公区域，员工可以以一种放松的形式来讨论创新性问题及头脑风暴。公共区域的设计概念的来源基于研究和调查的结果，具有很强的激发性、创造性。除了办公区域，相应的辅助空间也别具一格。图书馆与按摩室的设计风格具有相对古朴的风味。这个谷歌瑞士中心的私人办公室既功能齐全又灵活方便，而公共区既多选择又多样化。这样，这个中心真正表现了一家前瞻性的创造性和灵活的设计理念，使苏黎世的谷歌人得以发挥他们的才智和创造力（图 8-33 至图 8-36）。

图 8-33　自然风格的办公区激发人的创造力

图 8-34　个性鲜明的休息区

图 8-35　中型视频会议室

图 8-36　谷歌中心的前台

第五节 娱乐空间室内设计

城市经济的蓬勃发展，使各种娱乐休闲设施的社会需求不断增长，公共性娱乐活动的空间场所也越来越多。娱乐空间的类型包括电影院、歌舞厅、KTV 包房、电子游艺厅、棋牌室、台球厅等，也有将多个娱乐项目综合一体的娱乐城、娱乐中心等，形成独特的娱乐环境。

以下为妮莎酒吧休闲娱乐空间设计实例分析。

项目：妮莎酒吧

地点：墨西哥亚加布尔科

设计师：Pascal Arquitectos

面积：560 m²

树芯概念酒吧

本方案内部空间运用了大量木材，进入内部空间之前需要穿过一个前厅。前厅是用船的木甲板做的，墙壁上挂有 5 个高清晰屏幕，看起来就像是可以看到蓝天海景的圆形窗户，传达了休闲的生活理念。前厅的色调以中性色调为主，部分空间冷暖搭配，自然和谐，沙发座位随意摆放，同时通过构架、人群、音乐以及图像营造出一种虚实交替的氛围（图 8-37 至图 8-42）。

图 8-37 利用光、色彩共同营造出
酒吧独特的自由空间

图 8-38 屏幕作为壁画进行空间装饰，
营造出独特的酒吧空间

图 8-39 冷色调与圆形窗户让人产生
海景房的感觉

图 8-40 灯光与木材的结合产生自由
的空间造型

图 8-41　暖色调的女卫生间突出了女
　　　　性的柔美

图 8-42　冷色调的男卫生间给人冷静
　　　　沉稳的感觉

◉ **思考与实训** ·· ◎

试选定某一空间类型，进行室内设计综合训练，并形成完整的设计方案。

参考文献

［1］同济大学. 外国近现代建筑史［M］. 北京：中国建筑工业出版社，1982.

［2］来增祥，陆震纬. 室内设计原理［M］. 北京：中国建筑工业出版社，2003.

［3］陈志华. 外国建筑史［M］. 北京：中国建筑工业出版社，1997.

［4］王受之. 世界现代设计史［M］. 深圳：新世纪出版社，1995.

［5］王受之. 世界现代建筑史［M］. 北京：中国建筑工业出版社，1999.

［6］［日］小原二郎，加藤力，安藤正雄. 室内空间设计手册［M］. 张黎明，袁逸倩，译. 北京：中国建筑工业出版社，2000.

［7］刘盛璜. 人体工程学与室内设计［M］. 北京：中国建筑工业出版社，1997.

［8］朱淳，周昕涛. 现代室内设计教程［M］. 杭州：中国美术学院出版社，2003.

［9］张月. 室内人体工程学［M］. 北京：中国建筑工业出版社，1999.

［10］杨公侠. 视觉与视觉环境［M］. 上海：同济大学出版社，2002.

［11］曹瑞林. 室内设计基础［M］. 郑州：河南科学技术出版社，2007.

［12］常怀生. 建筑环境心理学［M］. 北京：中国建筑工业出版社，1995.

［13］［丹麦］扬·盖尔. 交往与空间［M］. 何人可，译. 北京：中国建筑工业出版社，2002.

［14］彭一刚. 建筑空间组合论［M］. 北京：中国建筑工业出版社，1998.

［15］尼跃红. 室内设计形式语言［M］. 北京：高等教育出版社，2003.

［16］尼跃红. 室内设计基础［M］. 北京：中国纺织出版社，2004.

［17］侯幼彬. 中国建筑美学［M］. 哈尔滨：黑龙江科学技术出版社，1997.

［18］陈志华. 外国建筑史［M］. 北京：中国建筑工业出版社，1979.

［19］刘森林. 世界室内设计史略［M］. 上海：上海书店出版社，2001.

［20］［英］休·昂纳，约翰·弗莱明. 世界美术史［M］. 毛君炎，李维琨，李建群，罗世平，译. 北京：国际文化出版公司，1989.

［21］［英］帕瑞克·纽金斯. 世界建筑艺术史［M］. 顾孟潮，张百平，译. 合肥：安徽科学技术出版社，1990.

［22］［英］约翰·B.沃德－珀金斯. 罗马建筑［M］. 吴葱，张威，庄岳，译. 北京：中国建筑工业出版社，1999.

［23］［德］汉斯·埃里希·库巴赫. 罗马风建筑［M］. 汪丽君，舒平，等，译. 北京：中国建筑工业出版社，1999.

［24］［美］西里尔·曼戈. 拜占庭建筑［M］. 张本慎，等，译. 北京：中国建筑工业出版社，1999.

［25］［法］路易斯·格罗德茨基. 哥特建筑［M］. 吕舟，洪勤，译. 北京：中国建筑工业出版社，1999.

［26］［挪］克里斯蒂安·诺伯格－舒尔茨. 巴洛克建筑［M］. 刘念雄，译. 北京：中国建筑工业出版社，1999.

［27］［英］彼德·默里. 文艺复兴建筑［M］. 王贵祥，译. 北京：中国建筑工业出版社，1999.

［28］［美］约翰·D·霍格. 伊斯兰建筑［M］. 杨昌鸣，陈欣欣，凌珀，译. 北京：中国建筑工业出版社，1999.

［29］［意］马德奥·布萨利. 东方建筑［M］. 单军，赵焱，译. 北京：中国建筑工业出版社，
　　　1999.

［30］刘敦帧. 中国古代建筑史［M］. 北京：中国建筑工业出版社，1984.

［31］楼庆西. 中国古建筑二十讲［M］. 北京：生活·读书·新知三联书店，2001.

［32］齐伟民. 室内设计发展史［M］. 合肥：安徽科学技术出版社，2004.

［33］张绮曼. 室内设计经典集［M］. 北京：中国建筑工业出版社，1994.

［34］张绮曼. 室内设计的风格样式与流派［M］. 北京：中国建筑工业出版社，2000.

［35］张绮曼，郑曙旸. 室内设计资料集［M］. 北京：中国建筑工业出版社，1991.

［36］刘小波. 安藤忠雄［M］. 天津：天津大学出版社，1999.

［37］姜军. 现代室内设计［M］. 济南：山东美术出版社，2004.

［38］邬烈炎. 解构主义设计［M］. 南京：江苏美术出版社，2001.

［39］韩巍. 孟菲斯设计［M］. 南京：江苏美术出版社，2001.

［40］詹和平. 后现代主义设计［M］. 南京：江苏美术出版社，2001.

［41］吴焕加. 20世纪西方建筑名作［M］. 郑州：河南科学技术出版社，1996.

［42］萧默. 文化纪念碑的风采［M］. 北京：中国人民大学出版社，1999.

［43］霍维国，霍光. 中国室内设计史［M］. 北京：中国工业出版社，2003.

［44］林晨. 建筑设计资料集［M］. 2版. 北京：中国建筑工业出版社，1994.

［45］陈易. 室内设计原理［M］. 北京：中国建筑工业出版社，2006.

［46］隋洋. 室内设计原理（上、下）［M］. 长春：吉林美术出版社，2006.

［47］张青萍. 室内环境设计［M］. 北京：中国建筑工业出版社，2003.

［48］［日］中岛龙兴. 照明灯光设计［M］. 马卫星，编译. 北京：北京理工大学出版社，
　　　2003.

［49］李文华. 室内照明设计［M］. 北京：中国水利水电出版社，2007.

［50］［英］沙伦·麦克法兰. 照明设计与空间效果［M］. 张海峰，译. 贵阳：贵州科技出版社，
　　　2005.

［51］阴振勇. 建筑装饰照明设计［M］. 北京：中国电力出版社，2006.

［52］张福昌. 室内家具设计［M］. 北京：中国轻工业出版社，2001.

［53］李文彬. 建筑室内与家具设计［M］. 北京：中国林业出版社，2001.

［54］庄荣，吴叶红. 家具与陈设［M］. 北京：中国建筑工业出版社，1996.

［55］屠兰芬. 室内绿化与内庭［M］. 北京：中国建筑工业出版社，1996.

［56］田鲁. 光环境设计［M］. 长沙：湖南大学出版社，2006.

［57］邓琛，刘刚. 室内设计基础［M］. 2版. 南京：南京大学出版社，2014.

［58］张洪双. 公共空间室内设计［M］. 北京：北京理工大学出版社，2019.

［59］赵肖. 居住空间室内设计［M］. 北京：北京理工大学出版社，2019.